GÉOLOGIE

DE L'ARRONDISSEMENT

DE SAINTE-MÉNEHOULD

Par Pierre COLLET

Membre de la Société Géologique de France

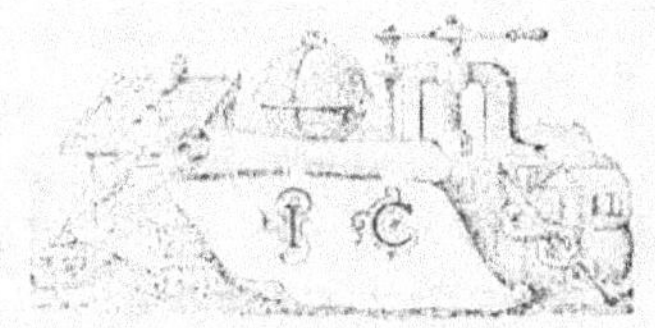

IMPRIMERIE COOPÉRATIVE DE REIMS

(N. MONCE, Dir.)

24, RUE PLUCHE, 24

1882

GÉOLOGIE

DE L'ARRONDISSEMENT

DE SAINTE-MÉNEHOULD

Par Pierre COLLET

Membre de la Société Géologique de France.

IMPRIMERIE COOPÉRATIVE DE REIMS

(N MONCE, délég.)

24, RUE PLUCHE, 24

1882

Dans sa séance du 15 juillet 1881, l'Académie
Nationale de Reims a décerné une Médaille d'or de
300 fr. à l'Auteur de cet ouvrage.

RECHERCHES GÉOLOGIQUES

SUR

l'Arrondissement de Sainte-Ménehould

Par M. P. COLLET, membre correspondant.

AVANT-PROPOS

Depuis plusieurs années, j'étudie la formation géologique de l'arrondissement de Sainte-Ménehould; je me crois donc autorisé à rendre public le résultat de mes investigations.

Et d'abord, je m'empresse de déclarer que mon but n'est pas de pénétrer dans l'intérieur de la terre pour en décrire la formation générale; je désire tout simplement esquisser à grands traits la couche superficielle.

Je m'estimerai donc très heureux si notre pays peut en tirer quelque profit.

De toutes les sciences, la géologie est sans contredit l'une des plus utiles; dans l'ordre de son importance, certains auteurs l'ont même classée après l'astronomie.

En effet, n'est-ce pas elle qui a doté l'agriculture de plusieurs engrais minéralogiques?

Ne procure-t-elle pas encore aujourd'hui au commerce et à l'industrie des trésors qui leur étaient cachés?

1

De là découle l'impérieuse nécessité de connaitre les contrées que l'on parcourt et d'en étudier la formation.

L'arrondissement de Sainte-Ménehould, l'un des plus accidentés du département, présente dans son ensemble différents étages crétacés parfaitement caractérisés, qui nous permettent de supposer que les bouleversements sont seuls les auteurs de ces diverses formations.

A l'est, il est facile de contempler de magnifiques montagnes en amphithéâtre, s'interrompant çà et là, engendrant des vallées étroitement resserrées dans leurs flancs, tandis qu'à l'ouest, la majeure partie des collines nous parait à peine ébauchée.

En examinant attentivement le relief épidermique du sol et les causes qui ont donné naissance à toutes ces découpures plus ou moins larges et profondes, nous devons penser que les eaux mises en mouvement par l'action des grands courants ont à peu près désagrégé ces montagnes qui leur servaient de rempart, emportant avec elles des fragments de roches qui, arrondis par le frottement, furent à la suite déposés sur le littoral, à l'instar de nos mers. Ce sont ces alluvions anciennes qui recouvrent les étages inférieurs.

Il nous est également impossible de mettre en doute que notre région a été successivement envahie par les mers crétacées, car les nombreux coquillages ou fossiles que celles-ci ont abandonnés dans leur retraite sont des témoins irrécusables de ce que nous avançons.

A une époque très-reculée , ces fossiles ont soulevé de vives discussions entre plusieurs nations.

Les unes, habitant le sommet des montagnes, ne voyant que des roches non stratifiées, présentant des cristallisations analogues dues à un refroidissement, attribuaient la formation de la terre à Pluton.

Les autres en rapportaient la paternité à Neptune, en ce sens, que les contrées qu'elles habitaient étaient formées en couches horizontales, ne renfermant que des coquillages, des débris d'animaux et diverses substances végétales.

D'autres enfin avaient la conviction que ces coquillages et empreintes diverses de végétaux et animaux provenaient de débris de cuisine apportés de la mer par des peuplades antérieures.

La citation suivante, empruntée à M. Buvignier, dans son introduction de la *Géologie de la Meuse*, est à l'appui de ce que j'avance :

« Ces discussions, souvent très-vives, entre les
« partisans du feu et de l'eau, ou, comme on le
« disait alors, entre le Plutonien et le Neptunien,
« duraient depuis les temps les plus reculés,
« lorsque des hommes moins passionnés, vou-
« lant vérifier les arguments des deux parties,
« découvrirent vers la fin du siècle dernier qu'il
« fallait faire la part du feu et celle de l'eau.

« A partir de cette époque, la géologie, dé-
« livrée des faiseurs de systèmes, se borna à
« l'étude consciencieuse des faits. »

EXTENSION GÉOGRAPHIQUE

DE

L'ARRONDISSEMENT DE SAINTE-MÉNEHOULD

L'arrondissement de Sainte-Ménehould a une étendue moyenne de 32 kilomètres de l'est à l'ouest sur 35 kil. du nord au sud, et une superficie de 113,254 hectares.

Il est borné :

Au nord, par le département des Ardennes ;
Au sud, par le canton d'Heiltz-le-Maurupt ;
A l'est et au sud-est, par le département de la Meuse ;
A l'ouest, par le canton de Suippes ;
Au sud-ouest, par le canton de Marson ;
Au nord-ouest, par le canton de Beine.

Sa superficie se divise ainsi qu'il suit :

Terres labourables . . . . .   80.052   hectares
Prés. . . . .   5.167   —
Bois-forêts. . . . .   21.472   —
Vignes   252   —
Etangs . . . .   1.199   —
Divers . . . .   5.112   —

113.254   hectares.

Il se compose de 80 communes, ayant une

population de 30,957 habitants et se divise en trois cantons :

1° Ste-Ménehould, chef-lieu d'arrondissement.
2° Ville-sur-Tourbe,
3° Dommartin-sur-Yèvre,

TOPOGRAPHIE

L'arrondissement de Sainte-Ménehould, situé à l'extrémité nord-est du département, est sillonné de tous côtés par des montagnes, des collines et des vallées.

Au sud-est, depuis Passavant, où apparaissent les forêts de l'Argonne, à la côte de Biesme; à l'est à Florent et au nord-est à Binarville, les montagnes y sont abruptes.

En côtoyant la splendide vallée de la Biesme, nous remarquons une colline pour ainsi dire à pic qui borde la Meuse, en pente opposée à celles qui dominent l'arrondissement; les eaux de cette vallée affluent dans l'Aisne.

Cette colline qui se dresse majestueusement, semble imposer à l'étranger l'inaccessibilité de ses crêtes, défendant ainsi le passage des vallées qui les séparent.

Le point le plus élevé de l'arrondissement est à 270 mètres au-dessus du niveau de la mer; c'est la côte qui domine Futeau (Meuse); sur le sommet est une tranchée dite la Haute-Chevauchée, se reliant à la grand'route nationale de Paris à Metz, à la côte de Biesme, qui est le premier défilé de l'Argonne, à 260 mètres.

Cette chaine de montagnes, qui occupe une

direction sud-est au nord-est, a son inclinaison vers l'ouest.

Du sud au nord, le sol y est également accidenté, mais moins montagneux, il nous offre de vastes plateaux recouverts d'alluvions anciennes et divers autres dépôts de même époque dont l'utilité est incontestable.

Au nord-ouest du canton de Sainte-Ménehould, à la Neuville-au-Pont, nous remarquons également de vastes collines de gaize qui, à deux kilomètres de là, font leur passage avec les marnes crayeuses et la craie tufeau.

Sur le sommet de ces collines, c'est-à-dire à Côte-à-Vigne, on aperçoit le mont Yvron, situé sur Dommartin-sous-Hans et Hans ; au sud, nous distinguons la côte de Châtillon, à la limite séparative des cantons de Sainte-Ménehould et de Dommartin-sur-Yèvre.

Au sud du canton de Ville-sur-Tourbe, on remarque Montremoy, situé au nord de Berzieux ; la côte Fallot, au sud de Virginy ; au centre le mont Telu, sur Massiges et Cernay-en-Dormois ; le mont Cochet, sur Minaucourt ; la butte du Mesnil, à l'extrémité nord du territoire de Mesnil-les-Hurlus.

Le canton de Dommartin-sur-Yèvre, beaucoup moins accidenté, offre néanmoins du sud au nord une colline assez élevée dite la Cerre, qui encadre une vallée arrosée par l'Yèvre.

L'arrondissement de Sainte-Ménehould présente, principalement dans les régions nord-est, est et sud-ouest, de nombreux accidents de terrain ; on rencontre dans les immenses vallées des temps géologiques, des amas de toutes sortes, cailloux roulés, calcaire portlandien, gaize, carbonate de chaux, sables fins quartzeux, ainsi que des atterrissements et dépôts de formation actuelle.

Toutes ces alluvions anciennes et modernes, formant un plafond entre chaque colline, sur lequel se superposent encore aujourd'hui d'autres dépôts vaseux amenés dans les vallées par les débordements, ont donné naissance à de magnifiques prairies.

Bien que le résumé qui va suivre soit en dehors de la géologie, il m'a cependant paru utile de le faire figurer dans la topographie; ces renseignements compléteront notre travail au point de vue géographique.

L'arrondissement de Sainte-Ménehould est sillonné par sept grandes vallées principales :

Celles de :

1° *L'Aisne*, qui est la plus importante et dans laquelle les autres affluent ;
2° *L'Ante* ;
3° *L'Auve* ;
4° *L'Yèvre* ;
5° *La Bionne* ;
6° *La Tourbe* ;
7° *La Dormoise*.

RIVIÈRES

Il est arrosé par une rivière principale, l'*Aisne*, qui prend sa source à Somme-Aisne (Meuse), canton de Vaubecourt, se dirige directement du sud-est vers le nord-est, décrivant une infinité de méandres dans le bassin qui porte son nom.

(Elle se jette dans l'Oise à Compiègne.)

En dehors de l'Aisne, on compte treize rivières qui arrosent différents points de l'arrondissement ; huit seulement y affluent :

1° *L'Ante*, qui prend sa source à Givry-en-Argonne, vient grossir l'Aisne à un kilomètre environ en amont de Verrières.

2° *L'Auve,* prenant naissance un peu au-dessus du village de ce nom.

3° *L'Yèvre*, qui prend sa source à Somme-Yèvre, grossit l'Auve à la ferme de Maupertuis ; le premier de ces deux cours d'eau (1) vient affluer dans l'Aisne à Sainte-Ménehould, à 95 mètres de la route nationale de Paris à Metz.

4° *La Bionne*, qui prend sa source à Somme-Bionne, se jette dans l'Aisne à Vienne-la-Ville (canton de Ville-sur-Tourbe).

5° *La Tourbe,* qui prend sa source à Somme-Tourbe, grossit l'Aisne à un kilomètre en aval de Servon (canton de Ville-sur-Tourbe).

6° *La Suippe*, prenant sa source à Somme-Suippe, à l'extrémité ouest du canton de Sainte-Ménehould, se dirige dans le canton de Suippe.

7° *La Biesme*, dont le cours sépare à l'est une partie de l'arrondissement du département de la Meuse, afflue dans l'Aisne entre Vienne-la-Ville et Saint-Thomas (canton de Ville-sur-

____

(1) C'est-à-dire l'Auve.

Tourbe). Elle prend sa source aux étangs de Saint-Rouin.

8° *La Dormoise*, qui prend sa source à Tahure, grossit l'Aisne entre Condé et Autry (Ardennes).

9° *La Aïn*, qui prend sa source à Souain, se jette dans la Suippe à Saint-Hilaire-le-Grand (canton de Suippes).

10° *La Py*, qui prend sa source à Somme-Py, se dirige dans le canton de Beine.

11° *Le Hardillon*, formé par les ruisseaux de *Tabas* et de *l'Evre*, qui, réunis à Eclaires, forment ce cours, se jette dans l'Aisne à 1,500 mètres en amont du Pont-aux-Vendanges.

12° *La Vière*, qui prend sa source à 2 kilomètres nord-ouest de Saint-Mard-sur-le-Mont.

13° *La Noblette*, qui prend sa source à 2 kilomètres de Saint-Remy-sur-Bussy.

RUISSEAUX

Outre les rivières que je viens d'énumérer, de nombreux ruisseaux parcourent aussi l'arrondissement ; la majeure partie prend sa source dans les immenses forêts de l'Argonne ; les uns se jetant directement dans *l'Aisne, la Biesme, l'Auve, l'Ante, la Bionne, la Tourbe et la Dormoise*, les autres servant à alimenter un grand nombre d'étangs.

(Voir les cantons pour leur description.)

ÉTANGS

Les étangs répartis à la surface de l'arrondissement sont au nombre de 104.

Ils se divisent en deux catégories :

Les étangs de forêt ;
Les étangs de plaine.

Généralement les étangs de forêt sont moins estimés que ceux de plaine, et cela se comprend.

Les premiers ne reçoivent que des détritus de feuilles, et les sources qui les alimentent sortant du pied des montagnes de la gaize, ne possèdent aucun sel fertilisant ; ceux de plaine, au contraire, reçoivent dans leurs bassins les engrais de terres qui les avoisinent et acquièrent par ce fait une grande supériorité.

Plusieurs de ces étangs sont en à sec complet. Tous ces étangs contiennent une superficie de 1,173 hectares. (Voir les cantons pour leur description respective.)

MOULINS

L'Aisne compte sur son cours dans l'arrondissement dix moulins, qui sont :

1º Le moulin de Charmontois-le-Roy.
2º   id.   de Villers-en-Argonne (alimenté par un canal de dérivation qui prend ses eaux dans l'Aisne).
3º   id.   de Châtrices.
4º   id.   de Haut (à Verrières).
5º   id.   de Bas,   id.
6º   id.   des Prés (à Sainte-Mènehould).
7º   id.   de Chaude-Fontaine.

8° Le Moulin de la Neuville-au-Pont.
9°   id.   de Chauvrieule (commune de Moi-
               remont).
10°   id.   de Vienne-la-Ville, (alimenté par
               l'Aisne et la Bionne).

Vingt-huit sur les rivières adjacentes :

1° Le moulin de Saint-Mard-sur-le-Mont, sur
               la Vière.
2°   id.   de Varimont, sur l'Yèvre.
3°   id.   de Somme-Yèvre,   id.
4°   id.   de Givry-en-Argonne, à la source
               de l'Ante.
5°   id.   de Dampierre-le-Château, sur
               l'Yèvre.
6°   id.   de St-Mard-sur-Auve, sur l'Auve.
7°   id.   d'Ante, sur l'Ante.
8°   id.   de la Hotte, sur le ruisseau du gros
               pré (commune de Châtrices).
9°   id.   de Daucourt, sur l'Ante.
10°   id.   de Gizaucourt, sur l'Auve.
11°   id.   de Gergeaux , sur l'Auve (com-
               mune de Sainte-Ménehould).
12°   id.   du Moulinet, sur le ruisseau Saint-
               Nicolas (commune de la Neu-
               ville-au-Pont).
13°   id.   de Hans, sur la Bionne.
14°   id.   de Courtémont,   id.
15°   id.   de la Salle, sur la Tourbe.
16°   id.   de St-Jean-s'-Tourbe, id.
17°   id.   de Wargemoulin,   id.
18°   id.   de Virginy, sur une dérivation de
               la Tourbe.

19° Le Moulin de la Chapelle, sur une dérivation
            de la Tourbe.
20°   id.   de Vienne-le-Château , sur la
            Biesme.
21°   id.   de Breda,   id.
22°   id.   des Guérins,   id.
23°   id.   du Châtelet, sur la Dormoise
            (commune de Ripont).
24°   id.   de Cernay-en-Dormois, id.
25°   id.   des Waques, sur la Ain.
26°   id.   de Somme-Py, sur la Py.
27°   id.   de Ste-Marie-à-Py, id.
28°   id.   d'Eclaires, sur le Hardillon.

MOULINS A VENT

1° Le moulin à vent de St-Mard-sur-le-Mont.
2°   id.   de Somme-Yèvre.
3°   id.   de Varimont.
4°   id.   d'Herpont.
5°   id.   de Saint-Remy-sur-Bussy.
6°   id.   de Saint-Jean-sur-Tourbe.
7°   id.   id.   id.
8°   id.   de Perthes.
9°   id.   de Souain.
10°   id.   de Somme-Py.

L'arrondissement de Sainte-Ménehould est
donc alimenté par 38 moulins à eau et 10 moulins à vent, pouvant tous faire farine.

Aujourd'hui, le commerce des phosphates de
chaux a pris une grande extension ; il résulte
que cinq de ces moulins se sont totalement
adonnés à la pulvérisation des nodules, en
raison des avantages qu'ils y trouvent.

Ce sont :

Le moulin de Haut, à Verrières (far^{es} et nodules).

>   id.   de Bas,   id.
>   id.   des Prés, à Sainte-Ménehould.
>   id.   de Gergeaux,   id.
>   id.   de Gizaucourt.

VIGNOBLE

On cultive la vigne dans une partie de l'arrondissement ; le vin, bien qu'étant d'une médiocre qualité, est très recherché ; il est consommé et ne s'exporte pas.

Les plantations s'effectuent sur le versant des collines de la gaize ; le sol y est maigre.

Les vignobles sont au nombre de cinq, savoir :

1° Passavant.
2° Sainte-Ménehould.
3° Chaude-Fontaine.
4° La Neuville-au-Pont.
5° Servon, beaucoup moins important, offrait il y a quelques années certaines ressources vinicoles ; aujourd'hui le plant de la vigne tend à disparaître non-seulement dans cette contrée mais aussi dans les autres vignobles, en raison du peu de rendement qu'offrent les récoltes depuis de longues années.

La contenance totale des vignes est d'environ 252 hectares.

PRAIRIES NATURELLES

L'arrondissement possède de vastes prairies naturelles dans les vallées de l'Aisne, de l'Auve, de l'Yèvre, de l'Ante, de la Bionne, de la Tourbe et de la Dormoise.

Ces prairies ont entre elles des rapports différents.

La vallée de l'Aisne est d'une qualité pouvant rivaliser avec les foins de la Marne, il n'en est pas de même des autres contrées, quoi qu'il en soit, les produits de l'Ante sont supérieurs à ces derniers.

L'Auve, l'Yèvre, la Bionne, la Tourbe et la Dormoise, de formation tourbeuse, présentent en plus un sous-sol marécageux dû aux sources continuelles des collines voisines et à l'imperméabilité du sol.

Le voisinage des sables verts, des craies tufeaux et craies blanches, contribue beaucoup à la submersion continuelle des prairies, en raison du manque que présente le bassin des vallées au cours d'eau qui les arrose. L'étendue des prés est de 5,167 hectares.

TERRES LABOURABLES

L'arrondissement de Sainte-Ménehould, malgré ses accidents de terrain, est un de ceux qui abondent le plus en céréales.

Les nombreux plateaux recouverts par les dépôts diluviens en font la richesse, et sauf quelques contrées insignifiantes, le sol n'est jamais resté ingrat.

La Champagne, quoi qu'on en dise, fournit son contingent, grâce aux soins intelligents et assidus des cultivateurs de cette région.

L'étendue des terres labourables nous offre une superficie de 80,052 hectares, qui se divisent en :

Vallage, à l'est ;

Dormois, au centre du canton de Ville-sur-Tourbe ;

Et Champagne, à l'ouest, dans toute l'étendue de l'arrondissement.

FORÊTS

Du sud-est au nord-est, aux confins de la Meuse (1), l'arrondissement possède une partie des immenses forêts de l'Argonne.

Cette portion, qui n'a pas moins de 27 kil. de long sur une largeur moyenne de 7 kil., est d'une contenance de 21,472 hectares pour tout l'arrondissement (2).

Bien que cette magnifique forêt croisse sur le terrain aride de la gaize, qui sur les versants des collines est totalement à nu, elle offre cependant à la marine et à l'industrie toutes les ressources désirables.

Malheureusement, une partie de cette riche forêt d'environ 2,400 hectares a été exploitée d'une façon trop complète de 1861 à 1866.

L'arrondissement est également parsemé de petits bosquets, qui lui donnent un aspect tout-à-fait pittoresque.

(1) Sur les cantons de Sainte-Ménehould et de Ville-sur-Tourbe.
(2) Voir le canton de Dommartin-sur-Yèvre, Forêts.

ROUTES

Les communications entre chaque commune et les cantons entre eux sont rendues faciles par l'ouverture de nombreuses voies.

Je me bornerai à énumérer seulement les routes principales.

L'arrondissement de Sainte-Ménehould est traversé :

1° De l'ouest à l'est par la grand'route nationale n° 3 de Paris à Metz ;

2° Du sud-ouest au nord-ouest, par la grand' route nationale n° 77, de Nevers à Sedan ;

3° Du sud-est au nord-est, par la route départementale n° 10, de Vitry-le-François à Vouziers ;

4° Au sud-ouest, par la route départementale n° 5, de Reims à Bar-le-Duc.

Une infinité de chemins d'intérêt commun relient ces grandes artères.

(Voir la topographie de chaque canton pour leur description.)

CONSTITUTION GÉOGNOSTIQUE

de l'arrondissement de Sainte-Ménehould

Terrain moderne ou post-diluvien

Alluvions récentes produits de l'Epoque actuelle. Terre dite de bruyère, éboulements, alluvions des vallées, atterrissements amenés par les sources, Tourbes.

Epoque quaternaire.

Terrain Diluvien. Atterrissements argilo-sableux, sables fins quartzeux rencontrés dans les excavations ou poches de la craie blanche, grès jaunes. — Alluvions de limon rouge, gravier crayeux rencontré dans la craie tufeau et la craie blanche. — Cailloux roulés calcaire portlandien, cailloux roulés de gaize mêlés de carbonate de chaux pulvérulent et sable fin quartzeux légèrement terreux recouvrant la gaize, les sables verts supérieurs et les marnes bleues. — Marnes, débris de grands animaux.

Epoque secondaire.

Formation Crétacée.

Crétacé supérieur. Craie blanche à micraster. Craie tufeau, Marnes à terebratulina gracilis (Turonien supérieur). ou craie grise, Calcaire à chaux hydraulique (Turonien inférieur). Marnes blanches crayeuses (Cénomanien supérieur).

Crétacé moyen. Marnes bleues. Sables verts et nodules (Zone à pecten asper de phosphates de chaux et ostrea carinata. (Cénomanien moyen). Gaize, zone à ammonites inflatus (Cénomanien inférieur).

Crétacé inférieur. Argile du gault (Albien).

L'arrondissement de Sainte-Ménehould présente trois époques distinctes :

1° Le terrain moderne ou post-diluvien ;
2° Le terrain diluvien ;
3° Les derniers étages de l'époque secondaire, qui renferment les terrains crétacés supérieurs et inférieurs.

EPOQUE SECONDAIRE

CRÉTACÉ INFÉRIEUR
ARGILE DU GAULT (ALBIEN)

Situation. — L'étage du gault apparaît à l'extrémité est du canton de Sainte-Ménehould, à la Vignette (écart de Sainte-Ménehould), au nord-est à Florent et au Four de Paris (canton de Ville-sur-Tourbe), où il occupe la majeure partie du bassin de la vallée de la Biesme.

Il est également rencontré à Passavant dans les vallées du Páquis et de Maurupt, affluent de l'Aisne, se développant au sud-est sur le chemin, Eclaires, les Charmontois et Belval (canton de Dommartin-sur-Yèvre).

Etendue. — Ce massif argileux qui repose au pied de la gaise, présente dans l'arrondissement une superficie d'environ 53 kil. carrés.

Composition. — Cet étage, qui forme la partie supérieure de l'albien, se compose d'argiles très-plastiques, d'un noir verdâtre, parfois nuagées de bleu, plus souvent de jaune et de gris rouge.

Ces argiles, onctueuses au toucher, se pulvérisent très-facilement sous l'influence des gelées et des intempéries.

A la Vignette, j'ai constaté la présence de cette

argile jusqu'à 11 mètres de profondeur, où elle est recouverte par des atterrissements et cailloux mêlés de gaize.

A Passavant, j'ai pu l'apprécier jusqu'à 9 et 10 mètres.

Au sud dans la vallée de Maurupt, située entre le village et Eclaires, on remarque à 4^{m}50 de profondeur que cette argile repose sur un lit compact de sables gris, ayant une épaisseur de 0^{m}25 à 0^{m}30 cent. ; cette couche étant traversée, les mêmes argiles reparaissent.

Puissance. — D'après les renseignements qui m'ont été fournis sur le forage de plusieurs puits, l'épaisseur de cette argile serait :

A la Vignette, d'environ 25 mètres;
A Eclaires,   id.   29   id. ;
A Belval,   id.   30   id.

Niveau. — En général, le gault est dans l'arrondissement à une altitude variant de 150 à 165 mètres.

Modification. — Dans les environs du Pont-aux-Vendanges, près Passavant, la surface argileuse du gault est souvent modifiée par des débris de gaize.

Cette modification est consignée par M. Buvignier, dans la *Géologie de la Meuse*, page 89.

Pyrites et gypse. — Dans cet étage on rencontre fréquemment des rognons de sulfure de fer, des cristaux de gypse en aiguilles très-fines, presque toujours agglomérées par une masse jaunâtre.

Utilité. — Le gault, qui apparaît à la Vignette et à Passavant, est une immense ressource pour la fabrication des tuiles et briques, il alimente seize tuileries dans ces localités.

Différence des argiles. — Les argiles de la Vignette diffèrent de celles de Passavant comme couleurs et comme produits.

Le gault de la Vignette, d'un noir-verdâtre nuagé de bleu et de gris-jaune, peut fournir tous les produits désirables; il n'est employé actuellement qu'à la fabrication des tuiles mécaniques qui depuis vingt ans ont acquis une réputation justement méritée.

L'argile de la Vignette est bien supérieure à celle de Passavant et se tourmente moins à la cuisson, tandis que le gault de cette dernière, plus chargé de carbonate de chaux cristallisé, offre des torsions diverses, soit qu'il subisse l'action du calorique ou qu'il soit exposé à l'air pour arriver à l'état sec.

Cette disposition s'oppose à sa transformation en tuiles plates.

En résumé, à la Vignette, la cuisson conserve pour ainsi dire à ses produits leur forme première.

C'est ainsi qu'une faïencerie a pu pendant plusieurs années être exploitée par une dame Bernard.

Produits du gault. — En général, les produits du gault sont peu réfractaires, et pour qu'ils résistent aux intempéries, ils demandent une cuisson d'un blanc-jaunâtre-verdâtre.

Les tuileries de la Vignette fabriquent en moyenne :

> 1,200,000 tuiles mécaniques,
> et 100,000 briques.

Passavant peut livrer chaque année :

> 3,600,000 tuiles courbes,
> 400,000 briques différentes,
> 1,000,000 de drains.

Il était utile pour le cours de ce travail de savoir quelle était la composition chimique de chaque terrain.

Les analyses que renferme ce mémoire ont été faites par MM. Armand Vivien, professeur de chimie à Saint-Quentin, Paul Noé, chimiste à la Sucrerie, et Ch. Champion, professeur de chimie au collège de Roanne (Loire). Je puis ajouter que ces expériences ont été aussi consciencieuses que désintéressées.

Dosage du gault de la Vignette.

Au moyen du calcimètre.
Argile prise dans la partie la plus fossilifère.
100 kil. contiennent :

Carbonate de chaux...........	5 kil. 513
Argile et matières diverses....	94 » 497
	100 » »

Dosage du gault de la Vignette.

Prête pour la fabrication.
100 kil. contiennent :

Carbonate de chaux...........	3 kil. 124
Argile et matières diverses....	96 » 876
	100 » »

Dosage du gault de Passavant.

Argile prise dans la partie la plus noire.
100 kil. contiennent :
Carbonate de chaux . . . . · 12 kil. 75
Argile et matières diverses. . . . 87 » 25
                                    ————————
                                    100 » »

De la comparaison de ces dosages, il résulte que l'argile de Passavant a une tendance marquée à se déformer en raison du carbonate de chaux qu'elle contient en excédant.

L'assise du gault est assez fossilifère à la Vignette, tandis qu'à Passavant les fossiles y sont beaucoup plus rares.

Formation supérieure. — La partie supérieure du gault est généralement recouverte par une argile maigre, assez compacte, grise quand elle est humide et blanche lorsqu'elle est sèche.

« Cette argile, dit M. Buvigner, paraît faire le « passage du gault avec les grès verts supé- « rieurs » (gaize).

On rencontre dans les argiles de la Vignette plusieurs fossiles ; les lamellibranches sont presque toujours à l'état calcaire, pourvus d'un teste blanc mat, pulvérulent.

Les ammonidés, au contraire, sont transformés en sulfure de fer. Il arrive souvent que ces fossiles se décomposent sous l'action des influences atmosphériques.

Je puis citer quelques fossiles bien caractéristiques du gault qui figurent en dessin sur l'Atlas géologique de l'arrondissement.

FOSSILES DU GAULT.

Ammonites interruptus, Bruyère..
     id.   latidorsatus, Michelin.
     id.   lautus. Parkinson.
     id.   beudanti, Brogniart.
     id.   lyelli, Leymeric.
Coupe de l'Ammonites interruptus.
         id.   id. jeune.
         id.   latidorsatus.
         id.   Lyelli.
Hamites sablieri, d'Orbigny.
Belemnites minimus, Hister.
Natica.
Spondylus gibbosus, d'Orbigny.
Nucula pectinata, Sowerby.
Deutalium decussatum, id.
Fragment de carapace de crustacé.
Dent de poisson.
Ostrea arduennensis.
Polypier.
Gastéropode.

A la partie supérieure du gault, on rencontre
quelques nodules de faibles dimensions, sur lesquels se sont fixées des huitres.

CRÉTACÉ MOYEN

CÉNOMANIEN INFÉRIEUR

Cette formation se compose :
1° De la gaize (Cénomanien inférieur)
2° Des sables verts supérieurs.
3° Nodules de phosphate de chaux. } Cénomanien moyen.
4° Marnes bleues.

GAIZE

*Zone à Ammonites inflatus
et Ammonites varians*

A l'argile du gault succède la gaize.

Cet étage accuse dans sa formation plusieurs variétés qui ont attiré mon attention.

VARIATIONS DE COMPOSITIONS

1°

Gaize dite pierre morte. — Une roche supérieure, terreuse, chloritée (nommée dans le pays pierre morte).

2°

Gaize dite Verlancier. — En plusieurs endroits on rencontre également à la partie supérieure une gaize qui diffère de la précédente, désignée sous le nom de Verlancier.

3°

Gaize noir-ardoise. — A la partie inférieure,
en remarque une gaize noir-ardoise, elle git à
des profondeurs qui varient selon les lieux.

4°

Sables verts supérieurs. — Sur le flanc des
collines de la gaize, existe un dépôt analogue
aux sables verts de l'albien, recouvert d'une
couche de nodules de phosphates de chaux ; la
géologie l'a classé dans la formation de la gaize.
Je crois donc devoir le faire figurer dans le cénomanien inférieur.

5°

Marnes bleues. — Cette formation se termine
par un dépôt de marnes bleues qui correspond à
la gaize.

I.

Roche supérieure, terreuse, chloritée.

Cette formation, désignée autrefois : grès verts supérieurs, aujourd'hui gaize, constitue, à l'extrémité est de l'arrondissement, un étage escarpé, où elle atteint sa plus grande puissance ; elle est la continuation de ce grand massif rencontré au-delà de la Biesme entre les Islettes et Clermont (Meuse).

Cette roche, connue dans nos contrées sous le nom de pierre morte, prend sa direction et son inclinaison vers l'ouest de l'arrondissement, où elle diminue rapidement d'épaisseur à quatre kilomètres environ de la vallée de l'Aisne pour disparaître avec les sables verts sous les marnes crayeuses du cénomanien supérieur.

Formation et étendue. — Cet étage, que nous voyons superposé aux argiles du gault, est formé par une roche de silice pulvérulente, légère, poreuse, de texture sableuse à grains très-fins chlorités, et occupe à lui seul plus du tiers de l'arrondissement où il apparait sur une superficie d'environ 306 kilom. carrés.

L'analyse de la gaize nous indique qu'elle contient 18 kil. 186 0/0 de silice gélatineuse, ce qui forme le caractère principal de cette roche.

Etat général. — La gaize est d'un gris-jaunâtre-blanchâtre à l'état sec, et verdâtre lorsqu'elle est mouillée ou au moment de l'extraction.

Cette différence est subordonnée aux carrières, mais généralement, dans l'arrondissement de Sainte-Ménehould, la gaize possède la teinte que je signale ; abandonnée aux variations atmosphériques, elle ne tarde pas à se pulvériser.

Puissance. — Une notice recueillie sur la carte géologique du département de la Marne, attribue à la gaize une puissance de 100 mètres.

De notre côté, si nous voulons établir la puissance de cette roche, nous devons admettre le principe de formation de la gaize sur les argiles du gault, dont le niveau varie de 150 à 165 mètres.

En parcourant les points les plus élevés de la région est de l'arrondissement, et déduisant le niveau du gault de celui de la gaize, nous aurons pour résultat :

1° A Vienne-le-Château, le niveau le plus élevé de la gaize est à 250 mètres, celui du gault de 165 mètres, la puissance de la gaize serait de 85 mètres.

2° A Florent, la gaize est à 240 mètres, le gault à 155 mètres, sa puissance serait de 85 mètres.

3° A la côte de Biesme, le sommet est à 260 mètres, le gault à 160 mètres, ce qui donne lieu à une puissance de 100 mètres.

4° Le point qui domine Futeau, le plus élevé de l'arrondissement, est à 270 mètres ; le gault étant à 160 et 165 mètres, la puissance de la gaize est de 105 mètres environ.

5° A Passavant, le gault affleure à la côte 155 ;
le point le plus élevé de la gaize étant de
250 mètres, nous donne en cinquième lieu
une puissance de 95 mètres.

En résumé la gaize aurait :

1° A Vienne-le-Château ....   85 mètres.
2° A Florent....................   85   id.
3° A la côte de Biesme.........   100   id.
4° Au-dessus de Futeau   105   id.
5° A Passavant.................   95   id.
                                  ____
                                  470 mètres.

Le 5° est de 94.

De ces données nous pourrions conclure que
la gaize a une puissance moyenne de 94 mètres
dans la région est de l'arrondissement de Sainte-
Ménehould.

Gaize concassée. — A la partie supérieure on
rencontre une gaize concassée que l'on pourrait
prendre pour des remblais exécutés de mains
d'hommes ; ces désagrégations, qui varient de
0^{m}30 à 0^{m}90 cent., ne sont recouvertes que d'une
légère couche végétale d'humus provenant de la
décomposition des plantes.

Stratification. — La stratification de la gaize
est assez régulière, malgré les pentes fortement inclinées, je dirai même à pic, qu'offrent
certaines montagnes ; les couches sont presque
toujours en lignes horizontales par lits plus ou
moins épais.

Cependant, il est à remarquer que cette stratification est souvent en discordance à la base

du versant des collines ; en maints endroits, elle offre aussi de légères ondulations.

Dans l'intervalle de ces stratifications, on y rencontre de petits dépôts terreux mélangés de gaize, ayant une épaisseur de 0^m02, 0^m05, 0^m10 et même 0^m15 cent. ; ce qui nous fait supposer une alternative dans cette formation.

Ces stratifications sont souvent interrompues par des fissures et des dislocations se dressant dans la masse ; tous ces désordres ne peuvent être dus qu'à des soubresauts volcaniques.

Limon terreux. — J'ai remarqué que les parois de ces fissures sont enduites d'une légère couche de limon vaseux, d'un gris-jaune, onctueux au toucher lorsqu'elle est humide, grissale et feuilletée quand elle est sèche, imitant les tissus de chinoiserie.

J'ai essayé de conserver un fragment orné de ces dépôts vaseux, mais en séchant ces enduits, d'environ deux millimètres d'épaisseur, se sont pulvérisés et ont totalement disparu.

Carbonate de chaux laiteur. — On rencontre assez communément à la partie supérieure, quelquefois même à une assez grande profondeur, dans les fissures, une matière blanche ressemblant à un lait de chaux qui en certains endroits enduit toutes les parois de la gaize.

J'ai recueilli ce carbonate à Verrières, à la côte du moulin de Bas près Gergeaux, à Sainte-Ménehould, à la Neuville-au-Pont, Chaude-Fontaine, Moiremont, Vienne-la-Ville, Vienne-le-Château, Châtrices, Passavant, etc., etc. Ce carbonate, qui existe dans toutes les carrières en plus ou moins grande quantité, provient probablement de la décomposition d'êtres organiques, ainsi que nous le remarquons chez les polypiers, dont plusieurs sont à l'état complet de carbonate avec leurs cellules remplies de gaize.

A la carrière de la Sucrerie près Sainte-Ménehould, je l'ai rencontré en abondance : on pouvait le recueillir à la main.

Ce carbonate nous offrait l'aspect d'une belle neige.

Dosage des carbonates de chaux rencontrés dans la gaize.

100 kil. contiennent :

Carbonate de chaux de la côte du
moulin de Bas (Verrières)......   23 kil. 715
Carbonate de chaux de la Sucrerie
(Sainte-Ménehould)   59   925
Carbonate de chaux de Gergeaux..   72   998

Stalactites. — Nous remarquons également dans les caves creusées dans les roches de gaize, des cristallisations que nous pouvons désigner sous le nom de stalactites (chaux carbonatée).

Elles sont formées par l'infiltration des eaux qui tombent goutte à goutte des voûtes naturelles de ces caves. J'en ai recueilli qui avaient de 12 à 15 centimètres de long ; en leur faisant subir l'influence du calorique, elles ne tardaient pas à se pulvériser.

Pyrites. — Les pyrites sont assez communes dans la gaize, quelquefois la décomposition est entière, on remarque alors des taches ferrugineuses provenant de leurs décompositions qui ont été transformées en fer hydraté

Quelques-unes n'étant pas oxydées ou bien l'oxydation n'ayant attaqué qu'une faible partie de la surface, on rencontre un centre pyriteux parfaitement conservé qui, quoiqu'entouré d'une couche de fer hydraté, permet de reconnaître le sulfure de fer.

Ces pyrites affectent toutes sortes de formes, tantôt elles sont globuleuses, tantôt cylindriques, allongées, mais toujours irrégulières.

Analyse d'une boule de fer hydraté.

100 kil. contiennent :

Silice et silicate....................	63 kil.	600
Oxyde de fer.....................	31 »	500
Matières diverses.................	4 »	900
	100	

Assistant aux expériences, j'ai été très étonné de rencontrer sur le filtre une aussi grande quantité de silice ; cette boule, qui me tachait les doigts, faisait supposer qu'elle était d'oxyde de fer presque pur.

La gaize par elle-même contient une certaine quantité d'oxyde de fer, ainsi que le constatent les analyses.

Eau de la gaize. — Les eaux qui traversent la gaize contiennent différentes matières minérales.

L'analyse de deux puits situés à Sainte-Ménehould ont donné les résultats ci-après :

Analyse d'eau de puits de la gaize.

Un litre d'eau contient :

	Puits de 8 m.	Puits foré de 21 m.
Eau en { Matières organiques...	0 g. 1000	0 g. 100
suspension { id. minérales ...	500	»
Matières organiques.......	1120	2400
Silice et sable.............	20	15
Oxyde de fer et alumine....	135	15
Carbonate de chaux.......	6919	6960
Sulfate de chaux...........	145	291
Chlorure de calcium.......	1681	1244
Carbonate de magnésie....		121
Sels non dosés et perte....	100	150
	1 g. 1620	1 g. 1296

L'eau du puits de 8 mètres l'emporterait sur
l'autre, car elle contient des sels de fer qui font
défaut dans le puits foré ; de plus le sulfate de
chaux est en moins grande quantité ; ce sel a la
propriété d'empêcher la cuisson des légumes.

Examen de la gaize. — En examinant la gaize
au soleil on distingue :

1° De petits grains siliceux très-brillants que
l'on pourrait prendre pour de légers fragments
de mica ;

2° Des taches bleuâtres et noires, souvent
nettes et tranchées, parfois nuageuses, se fon-
dant dans la masse ; ces parties bleuâtres et
noires sont beaucoup plus dures que la gaize
qui les enveloppe ; il en est qui sont à l'état de

silice presque pure, donnant des étincelles par le frottement de l'acier.

Polypiers. — 3° On rencontre aussi des veines blanches cristallines, très-siliceuses, appartenant à la famille des polypiers ; ceux-ci sont remplacés par du quartz et leurs cellules remplies de gaize ; d'autres enfin sont complètement quartzeux.

Outre ces polypiers pris dans la masse, dont quelques-uns ressemblent à des branches de coraux entrelacés, on rencontre également à la partie supérieure de la gaize, mêlées à divers atterrissements, d'autres excroissances maritimes de la famille du *cribo spongia* ; j'en possède plusieurs specimen, trouvés entre Sainte-Ménehould et Chaude-Fontaine et Verrières ; les uns ont des formes qui pourraient les faire prendre pour des cryptogames, d'autres imitent les éponges de toilette (*amorphozoaires*).

Les amorphozoaires, dont les espèces varient, sont aussi trouvés dans le fond des vallées où ils ont dû être amenés par les grands courants.

Rapport de la gaize. — La gaize, qui abonde dans l'arrondissement de Sainte-Ménehould, formerait, ainsi qu'il nous est facile de le constater, un dépôt intercalé entre le gault et la craie tufeau, ou entre l'albien et le turonien.

Dénudation de la gaize. — Sur plusieurs points des contrées de Sainte-Ménehould, Chaude-Fontaine, Moiremont, Florent, Vienne-la-Ville, Vienne-le-Château, Saint-Thomas, Binarville, la

Neuville-au-Pont, la Grange-au-Bois, Verrières, Châtrices, Daucourt, Villers-en-Argonne, Passavant, etc., la gaize est totalement nue, ou recouverte d'une légère couche végétale d'humus, n'offrant d'autres ressources que la plantation ; cependant, à force de culture, cette gaize se désagrège à l'air et se convertit en terre siliceuse ; dans cette circonstance, elle devient un peu productive.

Dépôts qui recouvrent la gaize. — Ailleurs, les terrains diluviens et atterrissements argilo-sableux lui sont superposés.

(Voir au chapitre des terrains diluviens : Alluvions de l'Aisne et de l'Ante, page 85).

Utilité de la gaize. — La gaize de l'arrondissement de Sainte-Ménehould est utilisée pour la construction, employée principalement à l'intérieur et pour les sous-bassements ; excellente pour les caves et les encaissements des routes, elle remplace avec avantage les matériaux plus durs et de qualité supérieure, mais il est nécessaire de la mettre à l'abri des intempéries.

Elle est d'autant plus utilisée que son extraction et sa mise en œuvre sont très-faciles et peu dispendieuses.

Elle est également employée pour la construction des fours des tuileries : sa composition quartzeuse lui donne cette propriété réfractaire.

Je dois ajouter que sa mise en œuvre s'exécute d'une manière inintelligente.

Au lieu d'être utilisée à l'état sec, le contraire existe.

Au moment où l'extraction de cette roche a lieu, celle-ci contient une assez grande quantité d'eau (voir les analyses). Bien qu'elle soit siliceuse, elle ne tarde pas à se calciner lorsqu'elle subit l'influence de l'air et du calorique.

Quelque temps après surgit un autre inconvénient : la diminution du volume et par suite la lézarde dans les murs. On éviterait tous ces désagréments si l'emploi de cette gaize s'effectuait à l'état sec.

M. Buvigner nous fait observer qu'en mélangeant de la chaux grasse (produit du calcaire portlandien) avec la gaize réduite en poudre, elle aurait la propriété de durcir sous l'eau.

Dans l'arrondissement, la gaize est employée en moellons avec la chaux grasse ou la chaux hydraulique; cette dernière est de beaucoup supérieure pour les travaux de fondations.

M. Vivien, directeur de la sucrerie de Sainte-Ménehould, a employé la gaize pulvérisée pour la confection de cônes pour les fours de cette usine; les résultats ont dépassé toute attente.

*Analyse de la gaize de la fontaine dite des
Bons-Malades, près Sainte-Ménehould.*

Gaize prise dans cette carrière de 11 à 12 m.
de profondeur.

100 kil. contiennent :

Silice gélatineuse	48	186	}	
Silice graveleuse	32	163	}	80.349
Fer et alumine	9	990		
Carbonate (chaux	3	148	}	
de chaux (acide carbonique..	2	473	}	5.621
Carbonate de(acide carbonique	1	872	}	
magnésie (magnésie	1	702	}	3.574
Eau de combinaison et matiè-res organiques	»	486		
	100	»		

Eau d'hydration....... 14 k. 250
Soluble dans les acides. 80 300

*Analyse de l'eau de la rivière d'Aisne
de Sainte-Ménehould.*

Un litre contient :

Bicarbonate de chaux	0 g.	260		
Bicarbonate	0	024	}	
Fer	0	020	}	0.044
Chlorure de potassium	0	013		
Sulfate	0	008	}	
Chaux	0	005	}	0.013
Silicate	0	026	}	
Soude	0	021	}	0.047
Matières organiques	0	039		
	0 g.	416		

MATIÈRES MINÉRALES.

Chaux.....................................	0 g. 100
Fer.......................................	20
Chlorure de potassium................	13
Sulfate de chaux......................	14
Silicate de soude.....................	47
	193

Etat fossilifère de la gaize. — La gaize contient une assez grande quantité de fossiles qui lui sont particuliers ; quelques-uns ont une grande analogie avec ceux du gault (ou de l'assise albienne) ainsi que le fait remarquer M. Alcide d'Orbigny, au sujet de l'*ammonites inflatus* et l'*hamites armatus*. (*Paléontologie française*, page 549, localité.)

« Cette dernière (dit le savant paléontologue) « est une des rares exceptions des espèces qui « passent d'un étage à l'autre. »

Je ne crois pas être dans l'erreur en avançant que les fossiles existent dans toute cette puissante formation de roche gaizeuse.

La gaize étant très-sujette à se désagréger aux variations atmosphériques, il résulte que les fossiles sont souvent découverts ou fracturés ou incomplets ; de là la nécessité de suivre avec soin les extractions si l'on veut les trouver intacts.

Dans ma collection figurent quelques échantillons très-précieux ; le dessin que j'en donne sur l'Atlas de l'arrondissement témoigne de leur parfaite conservation.

En général, tous les fossiles sont dénués de leur test ; font exception à cette règle :

Le *Pecten orbicularis*,

Une autre espèce *Dutemplii*,

Le *Janira*,

L'*Ostrea conica*.

Mais ils sont si fragiles et si délicats qu'il faut apporter une minutieuse attention pour les dégager.

Il est souvent difficile de déterminer les fossiles de la gaize, attendu que beaucoup ont subi des dépressions, ce qui pourrait faire supposer une espèce différente.

On peut du reste le remarquer par quelques-uns qui figurent sur l'Atlas, tels que :

L'*Ammonites mantelli*,

Le *Pholadomya sancti Florantini*,

Et plusieurs autres.

La découverte que j'ai faite des fossiles dans la gaize noire du tunnel, à environ 70 mètres de profondeur, m'autorise à dire que cet étage cénomanien inférieur est fossilifère dans toute sa formation.

La gaize contient un assez grand nombre de céphalopodes, tels que :

Ammonites, hamites, nautils, une turulite ;

Des lamellibranches, parmi lesquelles on remarque :

Des arches, des peignes, des ostrea, des trigonies, une cardite ;

Quelques gastéropodes, dont :

Le *Solarium ornatum*.

« Ce fossile, dit Buvigner, a déjà été rencontré dans le gault. » (*Géologie de la Meuse*, page 538).

Un *Avellana* , que je crois être le *Cassis* ;

Des polypiers assez variés.

L'*Ammonites inflatus* est le meilleur type caractérisant cette formation, cependant l'ammonites varians est plus commune.

FOSSILES DE LA GAIZE

Ammonites inflatus, Sowerby.
     id.   goupilianus, d'Orbigny.
     id.   falcatus, Mantell.
     id.   varians, Sowerby.
     id.   mantelli,   id.
     id.   navicularis, id.
Nautilus triangularis, Montfort.
   id.   radiatus, Sowerby.
   id.   fleurosianus, d'Orbigny.
Hamites simplex,   id.
Hamites.
Hamites arnatus, Sowerby.
Turulites bergeri, Brogniart.
Scaphites.
Scaphites.
Pholadomya sancti florentini.
Pina.
Trigonia.
Arca vindinensis, d'Orbigny.
Trigonia srenulata ou Ludovicæ.
Pholadomya Marrotiana, d'Orbigny.
   id.   sancti florentini (déformé).
Crassatella vulgaris, d'Orbigny.
Cardium Michelini.

Cyprina intermedia, d'Orbigny.
Cardium subduninense, id.
Cardium.
Gervilia aviculoïdes, Defrance.
Perten orbicularis, Nilsson.
Mouche.
Branches de polypiers.
Polypier à l'état quartzeux.
Polypier id.
Echinoïde (Epiaster ?).
    id. (Holaster ?).
Polypier.
Feuille.
Janira.
Ostrea.
Ostrea conica.
Avellana cassis.
Solarium ornatum, d'Orbigny.
Pecten.
Pecten (moule de).
Tellina.

Ainsi que plusieurs espèces que je n'ai pu encore déterminer.

Je dois signaler une pièce exceptionnelle, trouvée dans la carrière de la Sucrerie, près Sainte-Ménehould (un insecte), qui me parait être une mouche, ayant toutes ses formes, devant appartenir, si je ne me trompe, à la famille des coléoptères, attendu qu'un léger fragment de gaize qui l'enveloppait nous faisait voir quelque chose d'analogue à un élitre?

J'ai rencontré dans plusieurs endroits de la

gaize quelques paillettes, brillantes, agglomérées; la découverte de cette mouche me fait dire aujourd'hui que ces restes agglomérés et rupturés doivent être des insectes ?

(Ravin de Norval, près Sainte-Ménehould).

Des fragments de bois et de roseaux, mais en très-petite quantité.

Nota.—Cette année, j'ai recueilli dans la gaize une *Rhynchonella polygona;* c'est le second fossile de ce genre que je rencontre ; ils sont à l'état complet de gaize, l'un a conservé une partie de son test.

II.

Gaize dite Verlancier

En plusieurs endroits, on rencontre également à la partie supérieure une gaize qui diffère de la première, désignée sous le nom de *Verlancier*.

En effet, il existe plusieurs carrières auxquelles on a donné le nom de *Verlancier*, qui ont une supériorité sur les autres du même étage, par leur porosité et leur densité; c'est avec ces moellons que presque toute la ville de Sainte-Ménehould est bâtie.

On les découvre à l'est, dans les environs de la Grange-aux-Bois, à la côte de Biesme, à Florent et dans la forêt de Valmy. Cette gaize jaunâtre, moins foncée que celle que je viens de citer, résiste aux intempéries jusqu'à un certain point.

On extrayait autrefois de la gaize à Vienne-le-Château, mais elle était inférieure en qualité.

Comparaison des gaizes. — J'ai voulu me rendre compte de la composition de ces deux gaizes, afin de savoir pour quel motif l'une se calcinait immédiatement par l'action de l'eau, des gelées et du soleil, et que l'autre y résistait.

J'ai dû prendre un échantillon de chacune d'elles et les faire analyser.

Un échantillon du *Verlancier*, après avoir été desséché à l'étuve, pesait 1 kil. 024.

Un second, pris dans la carrière de la Sucrerie, desséché de la même manière que le premier, offrait un poids de 0 kil. 557,50.

Plongés tous deux dans l'eau pendant cinquante heures, pesés à nouveau, ils ont donné :

Verlancier . . . .   1 kil. 240
Sucrerie   0   »   975

Proportion faite pour un kilogramme.

Ces gaizes absorberaient par kilogramme :

Sucrerie . . . .   0 kil. 688,31
Verlancier   0   »   210,93
                                                 ——————————
                                                 0   »   477,38

Différence, 477, 38.

La gaize de la Sucrerie ou celle des environs absorberait un volume d'eau proportionnel au poids de 477,38 de plus par kilogramme que le Verlancier, ce qui nous donne déjà un renseignement sur sa porosité.

POIDS SPÉCIFIQUE

Sucrerie 24 51
Verlancier 16 35
                                                             ————
                                                             8 14

Différence, 8 14.

La gaize du Verlancier, quoique plus légère, comme nous le démontre le poids spécifique, est moins poreuse, absorbe moins d'eau que les autres et doit nécessairement être moins attaquable par les intempéries.

Pour avoir des renseignements plus complets, l'analyse de ces deux gaizes était indispensable.

ANALYSE DE GAIZES.

100 kil. contiennent :

	Sucrerie.			Verlancier.		
Matières organiques et eau de constitution ...	3 kil.	» » »		2 kil.	» » »	
Silice gélatineuse...	48	—	195	33	—	635
Fer et alumine.....	15	—	750	08	—	750
Magnésie..........	02	—	225	01	—	875
Potasse et soude....	» »	—	380	01	—	125
Oxyde de fer.......	05	—	» » »	03	—	425
Carbonate de chaux.	03	—	545	01	—	055
Sables quartzeux...	21	—	500	47	—	» » »
Potasse et magnésie.	» »	—	305	01	—	155
	100			100		

Ces deux analyses et celle de la fontaine des Bons-Malades (page 38), nous fournissent des données certaines ; nous savons que le Verlancier contient moins d'eau, est moins chargé de silice gélatineuse et carbonate de chaux ; l'excès de ces matières est une des causes de sa destruction.

La potasse, la soude et les sables quartzeux y étant en plus grande quantité, lui donnent une supériorité sur les autres.

———

III.

Gaize noir-ardoise.

La partie inférieure d'un noir-ardoise est découverte à des profondeurs qui varient suivant les lieux.

Nous remarquons à la percée du tunnel, entre Sainte-Ménehould et les Islettes, à une profondeur de 70 mètres environ, et à Villers-en-Argonne, à 25 mètres dans la côte qui domine le moulin, une gaize d'un noir-ardoise, se pulvérisant au bout de quelques jours, sous l'influence atmosphérique ; comme la percée du tunnel est pour ainsi dire au niveau des Islettes, où le gault est commun, je serais amené à croire que cette gaize sans consistance n'est pas éloignée de cette argile avec laquelle elle se confond.

En principe, il serait admissible, d'après les constatations que j'ai faites dans maintes contrées, que cette nuance existât à ce même niveau dans toute l'étendue de ce puissant étage.

De l'analyse, il ressort que cette gaize contient près de deux fois plus de chaux que ses congénères, ce qui est une cause de sa destruction.

Les fossiles de cette gaize sont identiques aux étages supérieurs ; s'ils en diffèrent, c'est par leur teinte cuivrée, gorge-pigeon , ainsi qu'on peut le remarquer sur plusieurs sujets de ma collection ; d'autres sont pourvus de leur test.

ANALYSE DE LA GAIZE DU TUNNEL.

100 kil. contiennent :

Silice graveleuse......	30 kil. 558 }	68.660
Silice gélatineuse......	38 — 102 }	
Fer et alumine........	11 — 181	
Carbonate............	06 — 338 }	12.211
de chaux	05 — 373 }	
Carbonate............	02 — 151 }	04.107
de magnésie..........	01 — 956 }	
Eau de combinaison et matières organiques.	03 — 841	
	100 — » » »	

Eau d'hydration........ 7 kil. 880
Insoluble dans les acides. 72 kil. 190

IV.

Sur le versant des collines de la gaize, on rencontre :

1° Un dépôt de sables fins quartzeux d'un vert foncé, parfois d'un gris sale ou jaunâtre ;

2° Une couche de nodules de phosphates de chaux, reposant à la partie supérieure de ces sables.

1°

SABLES VERTS SUPÉRIEURS.

Zone à Pecten Asper et Ostrea Carinata.

M. Buvigner, dans sa *Géologie de la Meuse,* tout en nous démontrant clairement la différence de formation existant entre la gaize et la craie tufeau, établit en outre les rapports qui unissent les sables verts aux gris-verts supérieurs (gaize).

Nous lisons à ce sujet (*Niveau géologique*, page 538) :

« De ce que la gaize ne se rapporte pas au
« gault, doit-on en conclure, comme nous l'avons
« fait dans la géologie des Ardennes, qu'elle re-
« présente exactement la craie tufeau ?

« L'étude attentive de ces terrains et nos ob-
« servations dans le département de la Marne,
« dont nous venons de terminer la carte géolo-

« gique, nous ont convaincu que la gaize diffère
« de la craie tufeau. Nous avons rencontré
« celle-ci parfaitement caractérisée dans les dé-
« pôts de sables verts, des marnes chloritées,
« des craies marneuses qui couvrent la gaize
« dans les arrondissements de Sainte-Méne-
« hould et de Vitry, ainsi que dans celui de
« Vouziers (Ardennes).

« La roche que nous décrivons formerait donc
« un dépôt particulier intercalé entre le gault
« et la craie tufeau.

« Elle correspondrait à ce dépôt de marne
« d'un bleu clair qui se développe dans les en-
« virons de Givry-en-Argonne (canton de Dom-
« martin-sur-Yèvre), à mesure que la gaize
« diminue d'épaisseur. »

De ce que nous venons de lire, il résulte
qu'aucun doute ne peut exister en ce moment
sur le mode de formation de ces dépôts, qui,
déterminés d'une manière aussi nette, sont les
identiques représentants des sables verts supérieurs de Vouziers (Ardennes), appartenant à
la zone du *Pecten Asper et Ostrea Carinata*.

Dans les environs de Daucourt, au sud-est,
sur le versant de la colline qui traverse la route
départementale de Vitry, ces sables sont agglutinés à la gaize ; au sud, ils apparaissent à nu.

Au nord-est d'Argers, sur le versant d'une
colline, en regard de la ferme de la Sous-Préfecture, la gaize est totalement nue, immédiatement recouverte par les sables verts se dirigeant
dans une vallée qui se continue sur Dommartin-
la-Planchette et Dampierre-sur-Auve.

Cette superposition est également apparente sur le versant ouest de la route en côte de Sainte-Ménehould à Argers.

A la Neuville-aux-Bois, le Vieil-Dampierre, Aute, Malmy, Ville-sur-Tourbe et Servon, j'ai constaté la même formation.

Nous remarquons également dans la vallée de l'Aisne, à Sainte-Ménehould, Saint-Thomas et Servon, et dans celle de la Dormoise, à Cernay, des sables fins quartzeux : les uns sont chargés de carbonate de chaux laiteux, les autres sont veinés de ces mêmes carbonates ; bien qu'ils apparaissent sous des teintes différentes, la position qu'ils occupent me fait dire qu'ils appartiennent sans aucun doute à la même formation que ceux que nous rencontrons dans la vallée de l'Ante, de l'Auve, de la Bionne et de la Tourbe.

On les trouve sur le versant nord-est de la Sucrerie, près Sainte-Ménehould; ils ont été utilisés pour les mortiers lors de la construction de cette fabrique.

A l'est de Servon, ils sont exploités pour la fabrication du verre à bouteilles; ils sont mêlés de rognons siliceux, roulés, assez volumineux, recouverts par le diluvien.

A l'ouest, à 500 mètres de Cernay-en-Dormois, existe un dépôt de sables gris-vert, très puissant, veiné çà et là de carbonate de chaux.

Je crois donc qu'il est inutile de fournir d'autres indications sur la statigraphie des sables verts de notre arrondissement.

Ces sables commencent à apparaître au sud-est, dans la vallée de l'Ante, à la Neuville-aux-Bois, au Vieil-Dampierre, Ante, se dirigeant vers le sud, dans celle de Grospré, aux fermes de Failly, Vernaux, Braux-Saint-Remy et dans la vallée du ruisseau de Daucourt ; là ils sont en quelque sorte interrompus par les marnes crayeuses, puis renaissent dans la vallée de l'Auve et ses affluents, à Elize, se continuant vers Argers, Dampierre-sur-Auve, Dommartin-la-Planchette, Braux-Sainte-Cohière, Chaude-Fontaine, Sainte-Ménehould, où ils disparaissent sous les marnes blanches crayeuses du cénomanien supérieur ; renaissent ensuite en lambeaux isolés au sud de la Neuville-au-Pont, dans le bassin de la Bionne, à Arraja ; disparaissent à nouveau pour renaître sur le canton de Ville-sur-Tourbe, à Berzieux, Malmy, Ville-sur-Tourbe, Cernay-en-Dormois et Servon, etc., se dirigeant au nord-est, pour de là gagner les Ardennes.

Caractères minéralogiques. — Dans l'examen des caractères minéralogiques des sables verts, nous voyons qu'ils ne contiennent pas de calcaire, mais qu'ils sont principalement quartzeux et glauconieux ; c'est à ce dernier caractère qu'ils doivent leur couleur verte.

L'analyse faite par M. Vivien, professeur de chimie à Saint-Quentin, nous démontre qu'ils sont essentiellement quartzeux.

Ces dépôts sableux sont souvent rencontrés à nu, additionnés de nodules de phosphates de chaux, ainsi que je l'ai remarqué à la Neuville-aux-Bois, Elize, Argers, Chaude-Fontaine, la

Neuville-au-Pont, Arraja, Berzieux, Malmy, Ville-sur-Tourbe, Cernay-en-Dormois, Servon.

A l'ouest de Sainte-Ménehould, sur le versant d'une colline dite la Grèverie, j'ai pu me livrer à leur examen et déterminer la formation suivante :

Terre végétale, $0^m 20$ centimètres.

Terrain diluvien, $0^m 70$ cent.

Couche de nodules de phosphates de chaux, $0^m 10$, $0^m 15$, $0^m 30$ cent.

Sables verts, légèrement terreux, veinés de carbonate de chaux, tachés de pyrites hydratées, $1^m 80$ cent.

Sables verts privés de carbonate de chaux sur une profondeur indéterminable.

Puissance. — La différence de niveau existant entre le sommet de la Grèverie et le fond de la vallée dite de Touraçon, où ces sables reposent sur la gaize, me permet de leur attribuer une puissance approximative de 35 à 40 mètres ; ces amas sableux, qui ne sont que des dépôts littoraux, sont sujets à de grandes variations.

Utilité. — Ces sables, avantageusement utilisés pour le modelage de la fonte, sont aussi employés comme matière première pour la fabrication du verre à bouteilles. Plusieurs expériences ont démontré qu'ils peuvent être utilisés dans certaines contrées comme stimulants.

(Voir *Engrais minéraux*, sables verts, p. 123).

Les eaux qui pénètrent dans ces couches sableuses se trouvant arrêtées par une assise gaizeuse sur laquelle ils reposent, donnent naissance à des sources abondantes et continuelles; les prairies qui les avoisinent sont généralement marécageuses.

Polypiers, amorphozoaires. — A Malmy, dans la vallée qui borde la forêt d'Aulsey, à Ville-sur-Tourbe, contrée dite du bois de Ville, les amorphozoaires abondent. J'en ai recueilli une très grande variété de formes curieuses.

Ils me paraissent appartenir à la famille du *scribo pongia*. Quelques-uns cependant diffèrent. (*Genre amorphozoaire*).

Analyse des sables verts, à l'état presque pur, provenant de la Grèverie de Sainte-Ménehould.

100 kil. à l'état nu contiennent:

Matières organiques............	02 kil.	150
Silice et silicate de fer..........	26 —	500
Phosphate tribasique de chaux (légère trace)................	» » —	» » »
Oxyde de fer et alumine........	08 —	» » »
Carbonate de chaux............	» » —	446
Matières diverses..	02 —	904
		100

Sables du versant de la Sucrerie de Sainte-Ménehould.

100 kil. contiennent :

Humidité.....................	10 kil.	88
Silice graveleuse (sable)........	63 —	90
Silice gélatineuse.............	» » —	80
Carbonate de chaux............	19 —	64
Corps non dosés et perte........	05 —	38
		100

2°

NODULES DE PHOSPHATES DE CHAUX.

Dans les contrées d'Elize, Argers, Sainte-Ménehould, Chaude-Fontaine, Dommartin-la-Planchette, Braux-Sainte-Cohière, les sables verts sont immédiatement recouverts d'un lit de nodules compacts, variant de $0^m 10$ à $0^m 40$ centimètres, recouverts à leur tour, sur quelques points seulement, par le diluvien.

Je ferai remarquer que dans plusieurs contrées, principalement à Argers, Dommartin-la-Planchette, dans la vallée traversée par l'Auve, où la couche de nodules n'est pas éloignée des marnes blanches du cénomanien supérieur, elle est recouverte par des atterrissements et une argile gris-verdâtre, grasse, siliceuse, dont l'épaisseur varie suivant la déclivité du sol; ces argiles recèlent quelques fossiles.

Cette remarque s'applique aussi aux contrées de la Neuville-au-Pont, Berzieux, Malmy, Ville-sur-Tourbe, etc.

Cette couche de nodules qui, avec les sables verts, constitue la partie supérieure du cénomanien inférieur, est principalement rencontrée dans les vallées de l'Ante, de l'Auve, de la Bionne et de la Tourbe. Celles de l'Aisne et de la Dormoise en sont presque dépourvues.

(*Nota*). — Lorsque ces concrétions apparaissent à la surface, j'ai remarqué que la couche de nodules est faible et ne peut être exploitée.

Ces nodules, connus dans nos contrées sous

le nom de *coquins* et *coprolites*, affectent des formes et grosseurs différentes; quelques-uns sont enveloppés d'écailles d'huîtres qui s'y sont fixées.

Dans l'extraction, on trouve des fossiles qui constituent une faune propre à cet horizon, quoique plusieurs espèces soient communes avec le gault et avec la gaize.

Ceux que l'on découvre le plus souvent et qui caractérisent cette formation, sont : le *pecten asper* et l'*ostrea carinata*.

Je n'hésite donc pas à avancer avec M. Peron, sous-intendant militaire à Reims, qui a bien voulu me prêter son concours pour établir l'identité de ces sables, qu'ils appartiennent à la zone du *pecten asper*.

J'envoie à ce savant géologue l'expression de ma sincère gratitude.

A l'ouest, au-dessus de la gaize, nous rencontrons le cénomanien à *pecten asper*, avec nodules et sables verts, qui sont du cénomanien inférieur encore, mais supérieurs au cénomanien à *ammonites inflatus* (gaize).

En effet, le *pecten asper* et l'*ostrea carinata* dominent dans la couche de nodules des environs de Sainte-Ménehould, Argers, Elize, Chaude-Fontaine, tandis que les autres fossiles y sont disséminés et plus rares.

Utilité. — Il se fait dans l'arrondissement, principalement dans les environs de Sainte-Ménehould, une extraction considérable de nodules que le commerce pulvérise et exporte dans les Landes pour fertiliser les terres de cette région.

J'ai cru devoir faire figurer plusieurs analyses de phosphates, afin d'être fixé sur leurs compositions; bien que les échantillons proviennent des mêmes contrées, ils accusent néanmoins une différence dans le dosage.

Ces analyses nous démontrent, en outre, que ces nodules, vulgairement appelés *coprolites*, sont des concrétions phosphatées.

ANALYSES DE PHOSPHATES DE CHAUX.

Phosphates de Sainte-Ménehould.

100 kil. à l'état sec contiennent :

Matières organiques..............	01 kil. 850
Silice et argile.................	36 — 800
Oxyde de fer....................	04 — 593
Carbonate de chaux	15 — 464
Magnésie........................	04 — 500
Phosphate tribasique de chaux ..	34 — 907
Perte et corps non dosés........	01 — 886
	100

Phosphates d'Argers.

100 kil. tirés de la carrière contiennent :

Phosphate tribasique de chaux...	40 il 213
Fer et alumine	07 — 987
Silice..........................	28 — 560
Divers..........................	15 — 770
Humidité........................	02 — 680
Prêts à être pulvérisés (humidité).	04 — 790
	100

Phosphates d'Elize.

100 kil. contiennent :

Phosphate tribasique de chaux... 44 kil. 681
Fer et alumine .... 04 — 119
Silice........................ 26 — 840
Humidité...................... 03 — 120
Corps non dosés................ 21 — 240
                                    100

Par ces données, on peut se rendre compte de l'action que peuvent produire ces engrais pulvérisés, lorsqu'ils sont répandus dans des terrains semblables à ceux des Landes.

La majeure partie des fossiles que recèlent les nodules appartiennent à la conchyliologie ; les ammonites y sont rares, et celles qu'on y découvre sont généralement comme tous les sujets rencontrés dans cette formation, fracturés ou engaugués de matières phosphatées.

On y découvre aussi des dents et vertèbres de poissons, des bois pétrifiés et diverses espèces de fruits.

Je puis citer plusieurs variétés qui figurent sur l'atlas de l'arrondissement ; quelques-uns, je dois le dire, proviennent des Islettes (Meuse).

FOSSILES DES NODULES DE PHOSPHATES DE CHAUX.

Ammonites milletianus, d'Orbigny.
    Id.   bicurvatus, Michelin.
Nautilus clementinus, d'Orbigny.
Terebratula dutempleana, Id.
Rhynchonella compressa, Id.
Natica gaultina,   Id.

Solarium ornatum, Pitton.
Solarium granosum, d'Orbigny.
Natica martinii,   Id.
Natica (moule de).
Pleurotomaria.
Rostellaria.
Pleurotomaria (moule de).
Deutalium decussatum, Sowerby.
Ostrea carinata.
Ostrea   Id.
Ostrea angulosa.
Janira quinquecostata, d'Orbigny.
Panopœa gurgitis,   Id.
Lima astieriana,   Id.
Isocardia carantonensis,   Id.
Plicatula spinosa, Mantell.
Cardium montonianum, d'Orbigny.
Inoceramus sulcatus, Sowerby.
Mytylus (moule de).
Trigonia aliformis, Parkinson.
Crassatelle (moule de).
Arca ligerieusis, d'Orbigny.
Pecten asper, Lamarck.
Pecten marrotianus, d'Orbigny.
Lima semiornata.
Pecten orbicularis.
Dent de poisson (otodus appendicatus ?)
Dent de poisson (otodus appendicatus ?)
Dent de mégalosaure?
Queue de crustacé.
Dent de pycnodus?
Vertèbres de sauriens.
Fruit de conifère (section d'un).

Fruit de conifère (variété).
Fruit muni de son pédoncule.
Fruit.
Fruit dans son enveloppe.
Fruit ressemblant à celui d'une noisette.
Fragment de bois (palmier ?).
Teredo argonnensis.
Teredo.
Teredo.
Concrétions phosphatées.

Cette couche de nodules, comme nous venons de le voir, recèle dans son lit, étroitement entassés, des débris organiques tels que mollusques, poissons et végétaux.

Si, par la pensée, nous reconstituons ces restes d'animaux vertébrés, nous sommes amenés à croire que leurs dimensions étaient colossales.

Nous rencontrons dans les couches phosphatées de Sainte-Ménehould, Argers, Chaude-Fontaine, Elize, Ville-sur-Tourbe, quelques vertèbres, mais plus ordinairement les dents de ces grands poissons ; les unes plates, légèrement taillées en strie, tranchantes, à doubles crochets.

D'autres, à peu près analogues, moins plates, plus longues, également taillées en strie, devaient faire partie du même animal ou d'un vertébré de même espèce.

Ces dernières présentent des différences causées peut-être par l'âge ou la position qu'elles occupaient dans la mâchoire.

Ces restes devaient appartenir à une famille voisine de l'*otondus appendicatus*.

Une troisième, que je puis classer dans la famille des *pycnodus*.

Une quatrième, de forme conoïde, fortement striée dans sa longueur Cette dent, une des plus fortes que j'aie pu rencontrer de ce genre, n'est pas tout-à-fait complète, et il est facile de remarquer, par l'usure de sa pointe, qu'elle appartenait à un animal déjà âgé ; cette dernière est très rare dans les nodules de nos contrées, tandis que dans l'assise des sables verts inférieurs des Islettes (Meuse), j'en ai recueilli plusieurs mêlées à des fragments d'ossements qui, probablement, étaient les restes de la charpente de ce même animal.

Toutes ces dents ont parfaitement conservé leur émail.

On remarque également des fragments de bois dont il est assez difficile de déterminer l'essence; quelques-uns sont envahis par les tarets; des débris de carapace et pattes de crustacés, mais en très petit nombre.

La découverte que j'ai faite de plusieurs fruits, d'une netteté et d'une conservation irréprochables, trouvés dans les nodules d'Elize, Argers, Braux-Sainte-Cohière, Chaude-Fontaine, Sainte-Ménehould, permettent de comparer la flore de cette époque à celle de nos jours.

Nous serions très heureux de voir ces riches sujets étudiés par un géologue compétent, M. de Sapporta. Parmi ceux-ci figurent :

Un fruit de *voltzia?* ressemblant à la pomme d'*epicea ;* j'en ai fait la section longitudinale, et l'intérieur nous laisse voir les alvéoles de la graine.

Ceux que je vais énumérer sont plus communs :

Un fruit identique à celui d'une *noisette*.

Un deuxième analogue à une noix d'*arèque*.

Un troisième, parfaitement conservé dans son enveloppe, et s'extrayant à volonté ; il me semble appartenir à la famille du *cocotier*.

V.

Marnes bleues

Dans le paragraphe extrait de Buvigner (*Niveau géologique*, page 57 de ce mémoire), qui établit les rapports unissant les sables verts à la gaize, le savant géologue signale également des marnes bleues.

En effet, il existe au sud-est de l'arrondissement un dépôt de marnes correspondant à la gaize qui termine le dernier dépôt de cette puissante formation.

Ces marnes, que j'ai pu examiner sur plusieurs points, apparaissent dans les environs de Givry-en-Argonne, se développant sur Remicourt, Saint-Mard-sur-le-Mont et le Châtelier, où elles ont une puissance moyenne de trois mètres ; leur teinte est différente mais le niveau géologique qu'elles occupent me prouve qu'elles appartiennent à la même formation. Elles sont composées de sables fins et argiles très plastiques additionnés de carbonate de chaux.

A l'ouest du Châtelier, aux confins du territoire avec Saint-Mard-sur-le-Mont, elles sont exploitées pour la fabrication de la brique ; là elles reposent sur les sables verts supérieurs.

A première vue, ces dépôts pourraient être confondus ou être pris pour le gault ; mais on reconnaît bien vite qu'ils n'ont rien de commun avec cette formation de l'albien.

J'ai rencontré à la partie inférieure la dent de l'*otodus appendicatus*, des fragments d'*ostrea carinata ;* les fossiles y sont rares.

Les travaux exécutés pour la création de la ligne de Vouziers à Revigny, m'ont permis de les apprécier à Givry et aux abords de la route départementale, sur Saint-Mard-sur-le-Mont, où j'ai constaté à nouveau la même puissance et même formation sur les sables verts ; elles ont une teinte d'un bleu-clair et sont, comme partout ailleurs, recouvertes par le diluvien.

(*Nota*). — Ces marnes tiennent le milieu entre les argiles du gault et les atterrissements argilo-sableux. La briqueterie du Châtelier, exploitée par M. Collin, fabrique chaque année, en moyenne :

200,000 briques ;
100,000 tuiles.

ANALYSE DES MARNES BLEUES DU CHATELIER.

100 kil. contiennent :

Carbonate de chaux	08 kil. 58
Silice combinée à l'alumine	26 — 35
Silice libre	24 — 05
Oxyde de fer	»» — 415
Eau	10 — 146
Alumine	30 — 46
	100 001

CRÉTACÉ SUPÉRIEUR

Cette formation se compose :

1° Des marnes blanches crayeuses ou marnes de la craie chloritée ⟩ Cénomanien supérieur.

2° De la craie tufeau (Turonien). ⟩ Calcaire à chaux hydraulique. Marnes à terebratulina gracilis.

3° De la craie blanche à micraster.

I.

Cénomanien supérieur.

A mesure que la gaize et les sables verts diminuent d'épaisseur, on remarque qu'ils sont immédiatement recouverts par des marnes blanches crayeuses, appartenant à l'étage du cénomanien supérieur.

J'ai recueilli ces renseignements sur plusieurs points de l'arrondissement, à Argers, où elles sont caractérisées par le *holaster subylobasus*,

A Braux-Sainte-Cohière, par la *serpulea vermicularia* ou *imbonata* et le *janira;*

A Gizaucourt, par l'*echinocyphus difficilis*, le *cidaris vesiculosa* (déterminés par M. Cotteau):

A Malmy, par la *terebratula semi globosa*, la *serpulea imbonata*, le *janira* et *coprolites* ;

A Ville-sur-Tourbe, par la *belemnites plenus*.

J'ai recueilli les mêmes fossiles dans le canton de Dommartin-sur-Yèvre.

(*Nota*). — Les fossiles découverts sur chaque territoire ou commune nous donneront des renseignements sur la formation de chaque localité.

Ces marnes qui circonscrivent la gaize, les sables verts supérieurs et les marnes bleues dans toute leur étendue, sont recouverts par le turonien, ainsi que je l'ai constaté sur Elize, Argers, Braux-Sainte-Cohière, Voilemont, Gizaucourt, Berzieux, Malmy, Ville-sur-Tourbe, Epense, Saint-Mard-sur-le-Mont, Givry-en-Argonne, etc.

J'ai rencontré dans cet étage marneux, à Braux-Sainte-Cohière et Malmy, un *radiolites* (à déterminer) ; plusieurs géologues ont manifesté leur doute quant à l'horizon qu'il occupe.

Bien que le cénomanien diffère du turonien, par sa composition marneuse, additionnée de calcaire crayeux, il est néanmoins assez difficile dans plusieurs contrées de distinguer l'un de l'autre ; il faut alors recourir aux fossiles.

Les renseignements qui précèdent sont, à mon sens, suffisants pour classer le cénomanien supérieur dans l'assise inférieure de la période de carbonate de chaux.

Je puis énumérer plusieurs fossiles appartenant à cette formation ; je les crois assez bien déterminés.

FOSSILES DU CÉNOMANIEN SUPÉRIEUR.

Echynocyphus difficilis, Cotteau.
Discoïdea subuculus, Klein.
Glyphocyphus radiatus, Desor.
Plaques inter ambulacraires.
Cidaris vesiculosa, Agassiz.
Radioles de cidaris vesiculosa.
Terebratula.
Serpule.
Serpulea vermicularia ou imbonata.
Janira.
Fragment de serpule.
Coprolite ?
Belemnites plenus.
Dent de pyenodus.

II.

Craie tufeau *(Turonien)*.

(Calcaire marneux. — Chaux hydraulique. — Marnes
à terebratulina gracilis).

La craie tufeau, que je désigne comme l'assise
moyenne de la période crétacée de carbonate de
chaux, apparaît à l'ouest, immédiatement après
le cénomanien supérieur.

Ces deux formations (1) occupent une superficie d'environ 296 kil. carrés.

Nous lisons au sujet de cette formation :

(*Paléontologie française*, d'Orbigny, terrain
crétacé, t. 1er, à la description de *l'ammonites
varians*, p. 314.)

« Des plus tranchées par sa forme, elle l'est
» aussi par son gisement, qui caractérise par-
» tout un étage géologique bien tranché, celui
» des grès verts supérieurs, des craies chlo-
» ritées, des craies tufeaux, qui, pour moi, ne
» forment qu'une seule époque. »

Je suis loin d'épiloguer ce savant, que je considère comme une autorité en géologie.

L'exposé qui suit n'a d'autre but que de pré-
senter les rapports existant entre la gaize et la
craie tufeau, ainsi que nous le remarquons dans
les contrées de Saint-Mard-sur-le-Mont, Givry-
en-Argonne, le Vieil-Dampierre, Sivry-sur-Ante,
Braux-Saint-Remy, Elize, Argers, Braux-Sainte-
Cohière, Chaude-Fontaine, la Neuville-au-Pont,
Berzieux, Malmy, Ville-sur-Tourbe, etc.

(1) Le cénomanien supérieur et le turonien.

De l'examen de ces formations, il résulte que les sables verts et la gaize sont recouverts par les marnes crayeuses, et ces dernières par la craie tufeau.

Ces étages, qui n'ont d'autres rapports que ceux que je viens de citer, ont formé leurs dépôts, l'un à l'est (la gaize), l'autre à l'ouest.

Ces renseignements, corroborés par la formation que présente M. Buvigner, des grès verts supérieurs et craie tufeau, confirment notre carte, établissent en outre que le turonien a une formation postérieure au cénomanien à *ammonites inflatus*.

La craie tufeau, très perméable, absorbe avec facilité les eaux pluviales; quelquefois celles-ci sont arrêtées par les marnes turoniennes (1), ce qui engendre sur les versants, et même sur les sommets des collines de cet étage, des sources vulgairement appelées bouillons. L'agriculture est obligée d'avoir recours au drainage pour les épuiser.

En général, la grande masse d'eau descend et s'arrête dans les sables verts, où elle se réunit aux eaux absorbées directement par ces sables eux-mêmes le long de leurs affluents (2).

Dans les localités que je viens de citer, où ce tuf apparaît, il est d'un gris sale, à texture siliceuse, chlorité; tels sont les caractères que son analyse indique.

(1) Marnes à *terebratulina gracilis*.

(2) Voir note sur l'origine des cours d'eau de la Champagne septentrionale (Peron). Association française pour l'avancement des sciences. (Congrès de Reims 1880.)

Cette roche se désagrège facilement, dès qu'elle subit l'influence atmosphérique.

Sur le territoire de Dampierre-sur-Auve, le tuf y est très siliceux ; on y rencontre des blocs énormes de silicate de chaux.

Alluvions crayeuses. — Dans les contrées de Fontaine-en-Dormois, Virginy, Valmy, Voilemont, Epense, Noirlieu, Contault, le tuf est recouvert, par intervalles seulement, d'alluvions de limons rouges, de graviers crayeux, de carbonate de chaux à grains ténus, mêlés d'argiles grasses, terreuses et de sables fins quartzeux, à peu près analogues à celles que nous rencontrons à Somme-Suippe, Ste-Marie-à-Py, Somme-Py, Saint-Remy-sur-Bussy, Dommartin-sur-Yèvre, reposent sur la craie blanche.

A Valmy, dans les environs du mont Yvron, j'ai remarqué qu'à ces alluvions sont joints quelques cailloux roulés de calcaire portlandier semblables à ceux que nous rencontrons dans le diluvien qui recouvre la gaize.

Nature des prairies encadrées par le tuf. — Les prairies qu'encadre le tuf sont généralement tourbeuses, marécageuses, à l'instar de celles qui sont entourées par les sables verts du cénomanien moyen.

Ces prairies sont d'autant plus marécageuses que des sources appelées puisards émergent continuellement de leur sein et mettent en mouvement incessant des fragments de graviers.

La craie tufeau de l'arrondissement de Ste-Ménehould est caractérisée à Fontaine-en-Dor-

mois, Ville-sur-Tourbe, Virginy, Berzieux, Dommartin-sous-Hans, Valmy, Dommartin-la-Planchette, Dampierre-sur-Auve, Gizaucourt, Voilemont, Rapsecourt, Dampierre-le-Château,
Dommartin-sur-Yèvre, Noirlieu, Contault, St-
Mard-sur-le-Mont, etc., par des fossiles qui lui
sont propres, tels que :

L'*inoceramus problematicus*, la *rhynchonella
cuvieri* (1), la *terebratulina gracilis*, la *terebratulina campaniensis* (2), divers *discoïdea*, *radioles
d'echinides*, divers *polypiers* de la famille du *cariophilia*, *cyclotites*, articulations d'*astéries*,
pentacrines, l'*ammonites peramplus*, l'*ammonites
wolgari*.

(Voir les communes pour les fossiles rencontrés dans chaque localité.)

Stratification. — La stratification du tuf est
des plus irrégulières, ainsi que je l'ai constaté
dans maintes carrières ; elle est quelquefois
ondulée, mais plus souvent oblique, perpendiculaire ou brisée, se présentant en blocs concassés.

Utilité. — La craie tufeau est utilisée pour la
fabrication de la chaux hydraulique, qui est es-
timée dans l'arrondissement ; les carrières de
Valmy alimentent plusieurs fours.

Je considère que ce tuf de Valmy appartient
au turonien inférieur; les *inoceramus problematicus* et *cuneiformis* qu'on y rencontre en sont
les fidèles représentants.

(1) Turonien inférieur et moyen.
(2) Turonien supérieur.

Dosage de la craie tufeau de Valmy, servant à la fabrication de la chaux hydraulique.

100 kil. contiennent :

Carbonate de chaux.............	69 kil. 70
Silice et matières diverses........	30 — 30
	100

Dosage de la craie tufeau de Dommartin-la-Planchette.

100 kil. contiennent :

Carbonate de chaux.............	68 kil. 425
Silice et matières diverses.......	31 — 575
	100

Analyse de la craie tufeau de Dommartin-la-Planchette.

100 kil. à l'état sec contiennent :

Acide carbonique...............	34 kil. 800
Chaux vive....................	44 — 285
Sulfate de chaux	» » — 905
Fer et alumine.................	05 — 229
Silice.	14 — 781
	100
Carbonate de chaux.............	79 kil. 085
Eau de carrière.................	02 — 300

Action du calorique.—Lorsque ces carbonates subissent l'action d'une haute température, ils perdent leur acide carbonique et se convertissent en chaux hydratée, dès que celle-ci est mélangée d'eau.

Cette chaux, supérieure aux calcaires portlandiens (chaux grasse), a des propriétés incontestables, surtout dans les constructions où l'humidité est constante.

La terre végétale qui recouvre le tuf varie suivant les localités ; d'une part elle est d'un gris sale et d'une épaisseur de 0m05 à 0m15 centimètres, ailleurs elle présente une teinte oxydée ; cette dernière présente des alluvions beaucoup plus riches et plus puissantes.

Pyrites. — On rencontre à la surface et dans la masse des rognons pyriteux affectant toutes sortes de formes.

Epaisseur fossilifère. — Il m'est difficile de donner des indications précises sur l'épaisseur fossilifère ; mais, d'après les renseignements que j'ai recueillis à Valmy, sur le forage d'un puits pratiqué pour l'installation d'un four à chaux où les *inocerames* sont rencontrés jusqu'à 16 mètres, je puis avancer que cette formation est toute fossilifère.

En procédant à son extraction, pour la fabrication de la chaux, on a découvert, à une profondeur de 4 à 5 mètres, quelques poissons ; ils me paraissent y être rares.

J'en ai vu un seul d'une parfaite conservation.

En novembre 1879, à 3m80, j'ai trouvé une dent de poisson semblable à celles que j'ai signalées dans la couche de nodules.

*Forage d'un puits pratiqué au pied d'une côte,
près la gare de Valmy.*

Renseignements obtenus :

1° Terre végétale mêlée de graviers, carbonate de chaux . . . . 0 ᵐ 30

2° Terre grise mêlée de graviers, carbonate de chaux (moins chargée que la précédente) . . . . 0 ᵐ 60

(Ces atterrissements ont dû être amenés par les eaux pluviales à la base de cette colline.)

3° Terre noire-semi-plastique, reposant sur le tuf, additionnée çà et là de quelques fragments très-fins de carbonate de chaux, avec coquillages d'eaux douces . . . . 0 ᵐ 25

4° Argile maigre blanche reposant sur le tuf, variant de 0ᵐ 40 à 0ᵐ 45 cent. 0 ᵐ 45

5° Tuf délité jaunâtre-blanchâtre . . . 1 ᵐ ‶

6° Tuf verdâtre compact, rencontré sur une profondeur de 13 mètres . . . . . 13 ᵐ ‶

Il est à remarquer que la stratification est discordante ; tantôt elle est perpendiculaire, oblique ou brisée, et jamais horizontale ; on y rencontre des veines jaunes à l'état terreux, ayant de 0ᵐ 20 à 0ᵐ 30 cent. d'épaisseur ; le tuf qui l'entoure a les mêmes teintes. L'*Inoceramus problematicus* caractérise ce tuf ; on y rencontre aussi des *spondyles*, des branches à l'état complet de carbonate, paraissant provenir de végétaux.

7° Au-dessous de cette couche est un tuf noir de 0ᵐ 45 à 0ᵐ 50 cent., où les *inocerames* sont toujours apparents...   0ᵐ 50

8° Vient ensuite un tuf jaunâtre-grisâtre, de 1ᵐ, ayant des veines ondulées fortement oxydées ....   1ᵐ »»

9° On rencontre à nouveau une couche noire, mince, contenant toujours les mêmes fossiles.

____
17ᵐ 10

FOSSILES DE LA CRAIE TUFEAU.

Ammonites wolgari, d'Orbigny.
   Id.   peramplus, Sowerby.
Rhynchonella cuvieri, d'Orbigny.
Terebratula semi-globosa, Sowerby.
Discoïda minima, Agassiz.
Inoceramus problematicus, d'Orbigny.
Terebratulina gracilis, d'Orbigny.
Terebrutulina campaniensis, d'Orbigny.
Cyclolites.
Articulations d'astéries.
Polypier cariophilia.
Polypier cariophilia muni de son pédoncule.
Polypier.
Polypier (variété de).
Foraminifère..
Vertèbre de poisson..

III.

Craie blanche.

L'assise nouvelle de la craie blanche (dite craie à micraster) est puissante, moins accidentée que les étages inférieurs; elle commence à apparaître à l'ouest, dans toute l'étendue de l'arrondissement :

1° Dans le canton de Sainte-Ménehould, à l'ouest de : Courtémont, Hans, entre Somme-Bionne et Somme-Tourbe, Hans, la Chapelle-Felcourt.

2° Dans le canton de Ville-sur-Tourbe, à l'ouest : à Gratreuil, Tahure, le Mesnil-les-Hurlus, Wargemoulin.

3° Dans le canton de Dommartin-sur-Yèvre, à l'ouest : à Saint-Mard-sur-Auve, à l'ouest d'Herpont et de Somme-Yèvre, se dirigeant toujours vers l'ouest, où elle termine le dernier étage crétacé de l'arrondissement, occupant une superficie de 486 kil. carrés.

Cette nouvelle formation, qui est un carbonate de chaux presque pur, s'est stratifiée sur la craie tufeau.

Nous lisons à ce sujet (*Paléontologie française*, d'Orbigny. *Céphalopodes*, t. 1er, p. 463, paragr. 5 :

« A la fin de la période chloritée, les mers se
« modifient à nouveau, à l'instant où presque
« tous les céphalopodes cessent d'exister. La
« craie blanche la recouvre et forme une époque
« nouvelle à laquelle, au moins jusqu'à présent,

« le bassin méditerranéen ne paraît pas avoir
« participé. »

Stratification. — La stratification de la craie
blanche est semblable à celle de la craie tufeau
ou craie grise.

J'ai constaté son irrégularité dans plusieurs
carrières et en visitant des grottes gauloises.

Dans une carrière, à Somme-Tourbe, j'ai recueilli les renseignements suivants :

« La partie supérieure est recouverte par des
atterrissements rouges dont la couche est mince;
succède ensuite une agglomération crayeuse
concassée, variant de 0^m40 à 0^m50 centimètres,
reposant sur la masse compacte, se présentant
en blocs concassés. »

Toutes les carrières que j'ai pu visiter depuis
présentent les mêmes dispositions de stratification.

Sur plusieurs points de l'arrondissement, à
Somme-Py, Sainte-Marie-à-Py, Laval, St-Jean-
sur-Tourbe, Somme-Tourbe, Somme-Bionne, la
Croix-en-Champagne, Saint-Remy-sur-Bussy,
Auve, Herpont, les sommets et versants des
collines ne sont recouverts que d'une légère
couche de graviers crayeux, sur lesquels croissent à peine quelques sapins rabougris.

Atterrissements. — Je suis très-heureux aussi
de pouvoir ajouter que sur cet étage reposent
des atterrissements silico-argileux ; ils sont
avantageusement fertilisés.

En novembre et décembre 1878, j'ai parcouru,
entre Somme-Bionne et Somme-Tourbe, la ligne

de Sainte-Ménehould à Reims, ouverte pour la création d'une seconde voie ; cette visite m'a fait remarquer sur les talus des atterrissements rouges parsemés de veines blanches très accentuées.

Ces ondulations, qui se replient sur elles-mêmes, présentent de curieux dessins.

Alluvions anciennes. — **A Somme-Py, Sainte-Marie**, ainsi que dans les localités que j'ai énumérées plus haut, la craie blanche est recouverte, par intervalles seulement, de puissants dépôts d'alluvions anciennes de limon rouge, de graviers crayeux, concassés, anguleux ; ces dépôts, qui appartiennent à l'époque diluvienne, diffèrent beaucoup de ceux qui reposent sur la gaize, sables verts supérieurs et les marnes bleues.

A Somme-Suippe, la formation de ces alluvions a attiré mon attention, car elle nous offre des dépôts particuliers qu'on ne rencontre que dans cette contrée ; ils sont utilisés pour la fabrication de la brique.

(Voir *Alluvions anciennes,* page 94).. J'ai pu apprécier ces alluvions, etc.

Alluvions des vallées. — Le bassin des vallées que récèle la craie blanche varie suivant leur encaissement et l'inclinaison du sol.

Ainsi, depuis Somme-Tourbe, où la Tourbe prend sa source, jusqu'à environ 600 mètres en aval de Minaucourt, cette vallée est très encaissée ; elle recèle des alluvions de limons gris amenés des collines voisines par les eaux pluviales.

Le sol tourbeux marécageux ne commence à apparaître qu'entre Minaucourt et Virginy.

La Bionne devient marécageuse et tourbeuse à peu de distance de sa source.

La Dormoise est à peu près identique aux précédentes.

L'Yèvre est tourbeuse et marécageuse dans toute son étendue.

L'Auve est analogue à ces dernières.

Ces défectuosités sont dues à l'imperméabilité du sol, qui engendre des sources abondantes, jaillissant au pied des collines qui encadrent ces vallées.

Sables quartzeux. —Entre les forêts de sapins de Somme Suippe et le village, on rencontre par filons, dans les excavations de cette assise, des sables fins quartzeux ; leur pureté est remarquable, ils sont additionnés de petites paillettes brillantes qui, je le crois, sont des fragments de *mica*.

A l'extrémité sud-ouest de Berzieux, sur le sommet de la colline, en regard de la ferme des Cruzi, j'ai fait exécuter des fouilles qui ont mis à jour des sables jaunes additionnés de carbonate de chaux très fins ; ils sont comme les précédents, rencontrés par fractions.

(Voir *Sables quartzeux de la craie blanche*, page 97.)

Pyrites. — On rencontre fréquemment dans la craie des nodules pyriteux, dont le volume et les formes varient ; ils sont même trouvés à nu à la surface, les uns presque ronds, pouvant être comparés à des biscaïens, d'autres longs et de formes curieuses, présentant dans leurs cristallisations des aspérités, quelques-uns enfin ressemblant à des fruits.

J'ai recueilli des pyrites dépassant le poids de quatre kilogrammes.

Dans ma collection figurent :

Des *spatangues*, des *terebratules*, des *vola*; ils sont dans un état complètement pyriteux et présentent en mamelon, par groupe, des cristallisations; ces sujets me font supposer que certaines de ces pyrites sont des fruits.

J'avais collectionné quelques-uns de ces énormes rognons pyriteux, que l'on rencontre si communément en Champagne; sous l'influence des actions atmosphériques, ils n'ont pas tardé à éclater.

Leurs cristallisations présentaient des aiguilles longues, très fines et rayonnantes.

Utilité. — La craie est utilisée pour les constructions et la confection des mottes dites blanc d'Espagne; elle entre pour beaucoup dans la matière destinée à la fabrication du verre à bouteilles et dans la préparation de la chaux que réclame l'industrie du sucre.

Pour établir la différence qui existe entre la craie tufeau et la craie blanche, l'analyse de cette dernière était indispensable.

Analyse de la craie blanche de Somme-Tourbe.

100 kil. contiennent :

Carbonate de chaux............	97 kil. 421
Sulfate de chaux et sels alcalins.	» » — 089
Oxyde de fer et alumine........	» » - 400
Silice et silicate (silice graveleuse)	» » — 090
	100

Tirée de la carrière, elle possède 18 kil. 150 °/₀ d'eau.

Un mètre cube pèse 2,497 kilogrammes.

Par cette analyse, nous voyons que la craie blanche est un carbonate de chaux presque pur; sa composition siliceuse n'est nullement comparable à la craie tufeau.

Les fossiles sont peu variés dans cet étage de l'arrondissement de Sainte-Ménehould, et nous n'y rencontrons plus ces ammonites du turonien, ce qui nous indique, avec les renseignements puisés dans le résumé *Géologico-géographique* de d'Orbigny (page 642), une nouvelle formation désignée sous le nom de craie blanche, caractérisée à Somme-Tourbe, Massiges, Virginy, Wargemoulin, Herpont, etc., par le *micraster breviporus* et la *terebratula globosa*.

Les fossiles sont souvent déformés ou à l'état pyriteux.

FOSSILES.

Micraster breviporus, Agassiz.
Spondylus spinosus, Deshayes.
Terebratulo globosa.

6

Nota.

Poudingues. — Sur plusieurs points, principalement à Herpont, contrée dite la route de l'Epine, et à Gizaucourt, sur les plateaux avoisinant la côte de la Lune, on remarque à la surface du sol des fragments de poudingues, composés de calcaires crayeux agglutinés par une cristallisation de carbonate de chaux. Ces agglomérations, dont le volume varie, ont une grande ténacité.

Voir *Gizaucourt*, au canton de Sainte-Ménehould.

Id. *Herpont*, au canton de Dommartin-sur-Yèvre.

ÉPOQUE QUATERNAIRE

TERRAINS DILUVIENS
ou
ALLUVIONS ANCIENNES

Le terrain diluvien se compose :

1° De cailloux roulés divers, additionnés de légers fragments de carbonate de chaux et sables fins quartzeux ;

2° D'alluvions de limons rouges, graviers crayeux ;

3° De grès jaunes ;

4° De sables fins quartzeux reposant sur la craie blanche ;

5° D'atterrissements argilo-sableux.

Au sujet de ces alluvions, nous lisons dans la *Géologie de la Meuse* (Buvigner, *Alluvions anciennes*, page 559. Description géologique) :

« En étudiant ces alluvions au-delà du dépar-
« tement (de la Meuse), on reconnait que ces
« rivières et les autres affluents de la Marne
« qui arrosent aujourd'hui la grande plaine

« comprise entre Sermaize, Saint-Dizier et Vitry,
« y formaient un grand lac dont les eaux s'écou-
« laient par Nettancourt, le Châtelier et Givry
« (Marne), dans la vallée de l'Ante, laquelle, à
« cette époque, était comme beaucoup d'autres,
« moins profonde.

« Il est probable qu'à la même époque l'Aisne,
« au lieu de suivre son cours actuel, continuait
« au-delà de Lamermont sa direction primitive,
« pour rejoindre la Chée, à Lahayecourt, ou
« tournant seulement à l'ouest, rejoignait la
« vallée de l'Ante par Belval et Givry.

« Ce n'est qu'après la dénudation de la gaize,
« dans les environs de Triaucourt, qu'elle aurait
« sa direction actuelle, en se jetant vers le nord
« dans la vallée creusée antérieurement par la
« Marne et ses affluents, au nombre desquels
« l'Aisne comptait elle-même. »

Ces descriptions, de la plus haute exactitude, émanant d'une autorité aussi puissante, nous retracent les changements de direction primitive de l'Aisne, changements qui paraissent avoir eu lieu plusieurs fois dans des époques géologiques antérieures.

Je vais, de mon côté, essayer de donner des renseignements précis sur la formation des dépôts diluviens, que nous rencontrons journellement dans cette immense vallée formée par l'Aisne et ses affluents.

1°

Cailloux roulés de Carbonate de chaux.

Alluvions de l'Aisne et de l'Ante. — Les produits diluviens ou alluvions anciennes existent à différents niveaux, dans les plaines et sur les plateaux.

On trouve dans la vallée de l'Aisne et dans celle de l'Ante (qui est un affluent) des alluvions composées de cailloux roulés, calcaire portlandien, de gaize, de carbonates de chaux pulvérulents, déposés par lits dans des sables plus ou moins argileux, ou épars à la surface des terrains plus anciens.

Elles sont également rencontrées à cinq kilomètres dans la vallée de l'Auve (affluent de l'Aisne), où elles ont dû être amenées par le remous.

Au nord de Malmy, sur les bords de la Tourbe, existe un dépôt appartenant à cette formation.

Le terrain diluvien est très répandu dans l'arrondissement de Sainte-Ménehould, principalement dans la contrée dite du Vallage, où il est le plus abondant.

D'une part, il recouvre la gaize, les sables verts supérieurs et les marnes bleues, comme on peut le voir à Binarville, Servon, Saint-Thomas, Vienne-le-Château, Vienne-la-Ville,

Moiremont, la Neuville au-Pont, Chaude-Fontaine, Sainte-Ménehould, Verrières, Argers, Elize, Daucourt, Braux-Saint-Remy, Châtrices, Villers-en-Argonne, Ante, Sivry-sur-Ante, le Vieil-Dampierre, la Neuville-aux-Bois, Givry-en-Argonne, le Châtelier, Saint-Mard-sur-le-Mont, etc. ; dans ces quatre dernières localités, il repose principalement sur la gaize et les marnes bleues.

Je dois faire remarquer que ces dépôts diluviens occupent principalement la rive gauche de l'Aisne.

Depuis Passavant jusqu'à Sainte-Ménehould, ces magnifiques collines qui constituent à l'est ce grand massif gaizeux, couvertes d'immenses forêts, en sont entièrement dépourvues.

C'est seulement à un kilomètre de Sainte-Ménehould, au Texas, sur la route de Moiremont, formant la rive droite de l'Aisne, que ces dépôts commencent à apparaître, pour se continuer jusqu'à Saint-Thomas ; là ils s'étalent sur chaque versant de la Biesme.

L'exploration d'une carrière nous a fourni des renseignements précis sur la composition de sa formation, accusant les mêmes dépôts que ceux des voisines et laissant voir à la base la couche de nodules en extraction.

Cette fouille, qui n'a que 2^m 20 cent. environ, ne présente pas l'épaisseur moyenne de ces dépôts ; ceux-ci varient de trois à quatre mètres, et quelquefois plus.

Utilité.—Dans toutes les alluvions de ce genre, la base est principalement composée de gros cailloux roulés qui, étant tamisés, servent à l'entretien des chemins d'intérêt commun.

La Compagnie de l'Est a fait, à ce sujet, des fouilles considérables sur le sommet de la Grèverie de Sainte-Ménehould, afin de s'approprier tous ces matériaux pour le ballastage des lignes ferrées

Les résidus produits du tamisage servent à la confection des mortiers ; ils peuvent être aussi avantageusement répandus comme engrais sur les terres, en présence de la grande quantité de marne carbonate de chaux qu'ils contiennent; on s'en sert aussi pour sabler les allées de jardin.

Ces cailloux, de formes et de dimensions variables, sont le plus souvent aplatis, rarement anguleux, mais arrondis.

Nous remarquons que ces alluvions ont toutes une tendance à glisser dans le versant des vallées auxquelles elles doivent leur formation.

Dosage des alluvions anciennes de la Grèverie de Sainte-Ménehould, tamisées propres pour les mortiers.

100 kil. contiennent :

Carbonate de chaux	54 kil. 468
Sables et matières terreuses . . .	45 — 532
	100

En examinant la formation de ces dépôts, ainsi que leur stratification à nuances variables, il est évident que ces cailloux roulés, mêlés de gaize, de sables fins quartzeux et carbonate de chaux à grains ténus, ont été amenés sur la rive des vallées par les eaux qui en découlaient.

L'examen de ces dépôts alternés de sables fins, de cailloux roulés, superposés tantôt en lignes parfaitement horizontales, tantôt en lignes brisées, permet de constater que ces courants ont subi des mouvements de hausse et de baisse.

J'emprunte à M. Buvigner (page 95) l'observation suivante :

« Il reste même quelquefois des doutes sur le
» mode de leur formation. Ils peuvent avoir été
» produits par des courants d'eau, ou n'être que
» le résultat des agents atmosphériques sur les
» roches gélives dont ils sont formés, et dont
» les débris, éboulés ou entraînés par les eaux
» pluviales, se seraient réunis sur le flanc des
» vallées dans les points où la pente était moins
» rapide.

» On remarque souvent que les dépôts sont
» plus abondants dans les endroits où les cal-
» caires sont moins résistants. »

Cette remarque peut être appliquée à notre arrondissement, où les roches sont très friables et se désagrègent aux moindres variations atmosphériques.

En examinant attentivement ces cailloux roulés arrondis (1), déposés par lits dans des sables plus ou moins argileux, accompagnés de fragments de gaize et de marnes carbonate de chaux, on voit qu'ils appartiennent à une formation différente à nos contrées.

(1) Ils me paraissent provenir des plateaux portlandiens

Il en est qui sont composés de coquillages agglomérés, d'autres présentent une structure saccharoïde ; leurs faces sont empreintes de polypiers appartenant à la famille des *astrea* ; ces derniers sont plus rares.

Ces alluvions recèlent aussi des rognons pyriteux, des cailloux agglomérés (*poudingue*), des fragments de coquillages (*ostrea*) et grès blancs roulés nuagés, désignés sous le nom de galets, provenant des roches inférieures.

Poudingue. — Au Vieil-Dampierre, on rencontre sur le versant sud-ouest, qui domine l'étang de Champmoulin, sur une surface d'environ 25 à 30 ares, un lit de *poudingue* offrant des obstacles sérieux à l'agriculture.

Cette même formation existe au nord de Malmy, aux abords de la Tourbe, dans la contrée dite la Praie, sur une longueur d'environ 150 mètres et $0^m 15$ à $0^m 25$ centimètres d'épaisseur ; elle a sa direction vers le sud.

Ces alluvions naturellement cimentées, sont communément rencontrées dans les rigoles pratiquées pour les assainissements de cette contrée.

En parcourant tous ces dépôts, on remarque en certains endroits des crevasses ou poches, ayant parfois d'assez grandes profondeurs, remplies par des atterrissements argilo-sableux qui occupent la partie supérieure des dépôts diluviens.

Dans ces dépôts, on remarque quelques polypiers ; on trouve aussi des débris de grands animaux (1) ayant appartenu à des espèces analogues à l'éléphant de nos jours.

En examinant les restes que nous rencontrons aujourd'hui, ces pachydermes qui ont précédé ou accompagné la formation diluvienne, devaient atteindre des proportions gigantesques; on peut en juger par une dent provenant des alluvions de la Grèverie de Sainte-Ménehould, et un magnifique fragment de défense trouvé à Vienne-la-Ville, mesurant 1ᵐ 40 de long sur 0ᵐ 60 cent. de circonférence.

Cette dent, presque complète, n'en est pas moins une petite de son espèce.

A Ante, j'ai recueilli des fragments de défense de ces grands animaux.

Dans les environs de la Neuville-au-Pont, entre le village et la briqueterie du Soumât, le diluvien occupe la rive droite de l'Aisne; là il est communément rencontré à l'état de silice presque pur, additionné en très petite quantité de cailloux roulés de gaize et de carbonate de chaux très-fins; ces sables, estimés pour les mortiers de construction, offrent des carrières dont les nuances varient du blanc au gris et du jaune au rouge foncé.

J'ai constaté les mêmes dépôts à Servon.

Dosage des alluvions siliceuses de la Neuville-au-Pont.

100 kil. contiennent :

Carbonate de chaux............	22 kil. 151
Sables et matières terreuses (silice principalement)...............	77 — 849
	100

(1) Le Mammouth.

Marnes carbonate de chaux. — On y découvre aussi des marnes carbonate de chaux à l'état ténu, mêlées de cailloux roulés de gaize et sables quartzeux; ces alluvions, très recherchées, sont de puissants stimulants lorsqu'elles sont distribuées sur les atterrissements argilo-sableux qui abondent dans la région est de l'arrondissement.

(Voir *Engrais minéraux, dépôts diluviens,* page 121).

A la ferme des Planches, territoire de Dommartin-la-Planchette, on rencontre également sur le versant d'une colline, rive gauche de l'Auve, des marnes analogues à celles que je viens de citer, recouvrant les sables verts supérieurs de cette contrée.

Au sud de Sainte-Ménehould, lieudit la Camuterie, existe un dépôt marneux qui recouvre la gaize.

Dans la vallée de la Tourbe, au nord de Malmy, on rencontre des marnes crayeuses additionnées de cailloux roulés calcaire portlandien.

Ces dépôts marneux apparaissent en plus ou moins grande quantité dans le diluvien.

A l'ouest de Saint-Thomas, sur le versant d'une colline rive droite de l'Aisne, j'ai rencontré de puissants dépôts de sables gris terreux, additionnés de légers fragments de carbonate de chaux.

La stratification de ces alluvions, alternées de cailloux roulés de gaize, déposés par lits assez épais, permet de constater les mouvements d'interruptions qui se sont produits durant cette formation, que l'on peut attribuer aux remous occasionnés par l'affluent de la Biesme.

Toute la vallée et les versants des collines en regard de Saint-Thomas sont de même formation.

(Voir plus loin : Vienne-la-Ville, Formation géologique.)

II.

Alluvions de limon rouge, gravier crayeux,

reposant sur la craie tufeau et la craie blanche.

ALLUVIONS DE L'AUVE, DE L'YÈVRE, DE LA BIONNE,
DE LA TOURBE.

En quittant les dépôts diluviens de la région
est de l'arrondissement, ou pour mieux dire
ceux qui reposent sur la gaize, les sables verts
supérieurs et les marnes bleues, on est à l'ouest
de l'arrondissement en rapport avec la craie
tufeau et la craie blanche.

Nous rencontrons sur ces nouvelles formations
crétacées, des alluvions de limon rouge, de
gravier crayeux pulvérulents, autres que celles
dont je viens de parler ; elles sont moins caillouteuses et parfois moins foncées en couleur,
en raison de la grande quantité de carbonate de
chaux qu'elles contiennent.

Ces amas, assez puissants, apparaissent à
Somme-Py, Sainte-Marie-à-Py, Souain, Perthes-
les-Hurlus, Le Mesnil-les-Hurlus, Minaucourt,
Ripont, Gratreuil, Laval, Saint-Jean-sur-Tourbe,
Somme-Suippe, Somme-Tourbe, Somme-Bionne,
Valmy, Voilemont, Saint-Remy-sur-Bussy, La
Croix--en-Champagne, Saint-Mard-sur--Auve,
Herpont, Auve, Dommartin-sur-Yèvre, Vari-
mont, Somme-Yèvre, Contault, etc.

Ils sont moins estimés pour les mortiers de
construction, mais servent avantageusement à

la confection des moëllons dits carreaux de terre qui se durcissent au soleil.

J'ai pu apprécier ces alluvions d'une manière toute particulière à Somme-Suippe, sur une épaisseur moyenne de 1^m50 à 2 mètres, et ai spécialement étudié ces dépôts qui recèlent de légers fragments de carbonate de chaux très-friables, provenant de la désagrégation des collines des mêmes terrains sur lesquels ils reposent, mêlés à des argiles rouges siliceuses.

(Leurs formes anguleuses, peu arrondie, me fait dire qu'ils ont été déposés à de faibles distances).

Vient ensuite une couche argileuse siliceuse, mêlée de graviers fins de carbonate de chaux, variant de 0^m40 à 0^m90 centimètres, reposant sur une couche analogue à la première.

Ces dépôts argileux, qui comblent les poches des formations sur lesquelles ils reposent, forment une couche irrégulière ondulée ; ils sont le plus souvent rencontrés en lambeaux isolés.

J'ai remarqué qu'ils occupaient presque toujours le même niveau.

Analyse des dépôts semi-plastiques de Somme-Suippe.

Silice	. . . . .	34	kil. 485
Silicate d'alumine	. . . . .	11	767
Oxyde de fer	. . . . .	5	750
Carbonate de chaux	. . . .	39	491
Divers et perte	. . . . .	8	507
		100	

Cette couche semi-plastique sert à la fabrication de la brique.

Il est surprenant qu'avec une aussi grande quantité de carbonate de chaux on puisse arriver à un résultat aussi productif.

Le régisseur de cette usine, M. Hubert, m'a expliqué le travail qu'il était obligé de faire subir à cette argile avant de la mettre en œuvre.

J'ai assisté à sa préparation et ai constaté qu'on était d'abord obligé de la convertir en bouillie dans un réservoir disposé à cet effet ; l'opération faite, on laisse déposer les graviers crayeux, puis on lâche avec précaution ce liquide boueux dans une fosse murée servant de récipient définitif, on se débarrasse ensuite des graviers et l'on procède à une nouvelle opération.

Les renseignements qui précèdent ont été complétés par M. Hubert, ainsi qu'il suit :

« Malgré cette manutention qui nous est coû-« teuse, nous sommes encore sous le coup de « nombreux accidents.

« Ainsi, si nous n'avions la précaution, aussi-« tôt que la brique sort du four, de l'arroser im-« médiatement, au bout de quelques jours elle « se pulvériserait.

« Dans les mois de juillet et d'août princi-« palement, il nous est difficile de fabriquer : « un coup d'électricité peut perdre toute une « cuisson. »

Cette usine fabrique en moyenne 20,000 briques.

Les produits sont peu réfractaires ; ils résistent cependant aux intempéries lorsqu'ils sont de bonne fabrication et que la cuisson ne laisse rien à désirer.

III.

Grès jaunes.

Dans le ravage que produisirent les eaux des courants, des blocs plus ou moins volumineux se trouvèrent arrachés aux montagnes et transportés à des distances souvent considérables, suivant l'inclinaison du sol.

On découvre dans la partie est du fond des vallées, sur les plateaux de la grande forêt de Sainte-Ménehould et dans celle de Châtrices, des grès jaunes, roulés, arrondis par le frottement pendant leur transport, atteignant souvent un poids considérable.

Le plus communément, ils sont rencontrés dans le fond des vallées, reposant sur un tuf jaune, mêlés à divers atterrissements qui existent sur le flanc des collines de la gaize.

Autrefois, on en a fait une très-grande extraction pour la construction des sous-bassements du couvent de Châtrices, détruit aujourd'hui, ainsi que pour les verreries de la vallée de la Biesme.

Ces grès, que les usines pulvérisaient comme devant servir de matière première, sont totalement abandonnés.

Les voies ferrées et les communications routières ayant modifié les conditions de transport, ces verreries ont recours aujourd'hui aux contrées de Rilly-la-Montagne, Sainte-Ménehould et Servon, pour l'acquisition de leurs sables.

IV.

Sables quartzeux de la craie blanche.

Ainsi que je l'ai déjà mentionné (Sables quartzeux, page 273), on rencontre par filons, dans les excavations de la craie blanche, des sables quartzeux pour ainsi dire privés de carbonate de chaux; leur pureté est remarquable, j'en ai recueilli à 300 mètres dans la forêt de sapins de Somme-Suippe, où ils sont additionnés de fragments de mica très-fins.

La largeur de ces poches varie, ainsi que je l'ai constaté, de 0^m80 à 1^m50 se terminant à 0, sur une profondeur de 3 à 5 mètres.

Ces sables, dont la couleur varie du blanc sale au jaune, sont généralement trouvés par petites fractions; il est à peine possible d'en extraire deux ou trois mètres cubes; ils s'étendent çà et là sur une longueur d'environ deux kilomètres, se dirigeant de l'est à l'ouest; ils sont recouverts d'agglomérations marneuses et de graviers crayeux.

Les habitants de cette contrée reconnaissent leur gisement à l'aide de veines jaunes qui apparaissent à la surface; les neiges aussi servent d'indications, car elles y fondent plus promptement qu'ailleurs.

En été, ces veines siliceuses font ressortir leur humidité au moment des variations atmosphériques.

Sur le sommet d'une colline, dite des Cruzi,

7

au sud-ouest à 4 kilomètres de Berzieux, j'ai, d'après les renseignements qui m'ont été donnés, fait exécuter des fouilles et ai rencontré des sables jaunes très ténus, légèrement terreux, additionnés de carbonate de chaux; ils gisent à $0^m 50$ centimètres de profondeur, recouverts par un tuf crayeux concassé de $0^m 35$ centimètres et une terre végétale blanche de $0^m 15$ centimètres.

Ils ont leur inclinaison vers le nord.

V

Atterrissements argilo-sableux.

Les nombreux atterrissement répandus dans l'arrondissement de Sainte-Ménehould, principalement au nord-est, à l'est et sud-est, dans la contrée dite du Vallage, sont assez puissants.

Occupant le sommet et le flanc des collines, d'une part ils reposent sur la gaize, ailleurs ils sont superposés aux terrains diluviens.

Ces dépôts, quoique postérieurs aux terrains diluviens, doivent cependant être considérés comme alluvions anciennes, ayant une formation analogue aux précédents.

Pour les distinguer, nous les désignons sous le nom d'atterrissements.

Il existe divers atterrissements :

1º Ceux de l'époque quaternaire, produits de l'Aisne et de l'Ante.

2º Ceux de l'époque actuelle.

ATTERRISSEMENTS DE L'AISNE ET DE L'ANTE.

Ces atterrissements semi-plastiques, vulgairement appelés terre glaise, de couleur rouille, dont plusieurs sont chargés de fer granulé hydraté, servent à la fabrication de la brique et alimentent sept briqueteries dans l'arrondissement.

1º La briqueterie de Ville-sur-Tourbe.

2º   id.   de Servon (canton de Ville-sur-Tourbe).

3º   id.   de Vienne-le-Château, id.

4° La briqueterie de la Haute-Maison (à Sainte-
                    Ménehould).
5°   id.   de la Grêverie.
6°   id.   du Souniat (territoire de la
                    Neuville-au-Pont).
7°   id.   du Châtelier (canton de Dom-
                    martin-sur-Yèvre).

Ces briqueteries fabriquent en moyenne :

Ville-sur-Tourbe . . .   400.000 briques.
Servon . . . . . .   100.000   id.
Vienne-le-Château,   de 3 à 400.000   id.
Les deux briqueteries de
  Sainte-Ménehould . .   1.200.000   id.
Le Souniat . . . . .   500.000   id.
Le Châtelier (briques et
  tuiles). . . . . .   300.000   id.

Cette dernière prend ses matières premières
dans les atterrissements argilo-sableux et les
marnes bleues.

En général, ces argiles ne sont pas assez
plastiques pour les convertir en tuiles.

Les produits de ces atterrissements résistent
ordinairement aux intempéries et ont la propriété
d'être réfractaires ; généralement privés de
carbonate de chaux, ils n'offrent pas ce désagré-
ment que l'on rencontre si communément dans
les briques de l'argile du gault.

Dans la cuisson, les atterrissements de Sainte-
Ménehould et du Souniat exhalent une odeur
sulfureuse, due à la présence des oxydes de fer
hydratés que recèlent ces dépôts.

Les atterrissements de Servon ne présentent
pas les mêmes avantages ; additionnés de gra-

viers calcaires, les produits étant soumis aux variations atmosphériques, les briques ne tardent pas à sa désagréger.

Analyse des atterrissements de la Haute-Maison

100 kil. contiennent :

Silice libre et gélatineuse	. .	48	kil. 949
Silicate d'alumine	. . . .	22	260
Oxyde de fer	, ...	28	570
Divers et perte	. . . . .		41
		100	

Analyse des atterrissements du Souniat

100 kil. contiennent :

Silice libre et gélatineuse	. .	54	kil. 602
Silicate d'alumine	. . .	25	880
Oxyde de fer	. . . . .	15	
Divers et perte	. . . .	4	500
		100	

Il existe d'autres localités où ces atterrissements peuvent servir à la fabrication de la brique. Ce sont les puissants dépôts de Binarville, La Neuville-au-Pont, Moiremont, la Grange-aux-Bois, Verrières, Châtrices, Villers-en-Argonne, Daucourt, le Vieil-Dampierre, Ante, Givry-en-Argonne, etc.

Ces atterrissements sont également rencontrés à l'ouest, dans la contrée dite de Champagne, sur les sommets et dans les vallées de la craie tufeau et de la craie blanche ; ils sont moins puissants, surtout moins plastiques.

Nous remarquons aussi d'autres dépôts analogues, moins foncés, sans consistance, fuyant très-facilement, ainsi qu'on peut la remarquer dans la partie boisée à l'est du canton de Dommartin-sur-Yèvre, dans les forêts de Sainte-Ménehould et de Vienne-le-Château.

C'est sur ces atterrissements, qui offrent peu de ressources, que croissent les fougères et les bruyères.

Au nord, entre Sainte-Ménehould et Chaude-Fontaine, ces dépôts sont assez communs, on y découvre des polypiers de la famille du *cribo spongia*.

Je dois également signaler d'autres atterrissements qui occupent le flanc des collines de la gaize; ils sont remarquables dans la vallée de l'Aisne, accusant à peu près les mêmes teintes que la roche sur laquelle ils reposent.

Ces atterrissements, mêlés de gaize roulée et concassée, sont plus abondants dans le tournant des vallées où le remous s'opérait.

TERRAIN MODERNE ou POST-DILUVIEN

ALLUVIONS RÉCENTES
PRODUITS DE L'ÉPOQUE ACTUELLE.

Le terrain moderne ou post-diluvien se compose :

1° De dépôts divers amenés par les sources, désignés sous le nom d'atterrissements ou alluvions des vallées ;

2° D'éboulements ;

3° De tourbes ;

4° De terres dites de bruyères.

I.

Atterrissements ou Alluvions des vallées.

Tous les bassins des vallées de l'arrondissement de Sainte-Mènehould, généralement arrosés par des rivières, contiennent à leur base des formations de toutes sortes, agglomérées de sables, cailloux roulés, argile, etc., remplissant les anfractuosités de ces bassins.

La nature de ces alluvions varie dans chaque vallée ; elle est subordonnée à la diversité des terrains que traverse le cours d'eau depuis sa source, comme nous pourrons du reste le voir par les sondages énumérés plus loin.

A ces agglomérations, amenées par les sources et eaux pluviales, sont venues se superposer d'autres alluvions argileuses ; ce qui a formé les magnifiques prairies que nous sommes heureux de posséder.

Chaque année, ces prairies sont fertilisées par des débordements ; il n'est pas surprenant de rencontrer des atterrissements dans le lit des rivières, sur les rives opposées, obstruant parfois l'écoulement des eaux ; les remous sont la cause de ces dépôts et contribuent quelquefois à en déplacer le lit.

Les vallées de l'Aisne, de l'Ante, de l'Auve, de l'Yèvre, de la Bionne, de la Tourbe, de la Biesme et de la Dormoise, renferment des prairies de natures diverses ; il est facile d'en examiner la cause.

L'Aisne repose sur un sol de cailloux roulés, de sables, etc. ; les sondages qu'on y a opérés indiquent cette formation. Il résulte que ces alluvions font l'office de drainage et rendent le terrain perméable ; tandis que le lit des autres cours d'eau, reposant sur un sol tufeau qui s'oppose à l'infiltration des eaux, engendre des marais.

Les vallées de l'Ante et de la Biesme tiennent

le milieu entre l'Aisne et les plaines marécageuses.

Il existe cependant certaines parcelles insignifiantes sur l'Aisne qui ont l'aspect marécageux.

Nous ne pouvons en attribuer les causes qu'aux
eaux qui, sortant des collines à pic de la gaize
et trouvant un obstacle souterrain pour leur
écoulement, submergent le sol et donnent naissance à des sources nommées puisards.

Je me suis procuré des renseignements sur la
constitution des dépôts qui comblent la base de
ces bassins.

L'étude des sondages exécutés par la Compagnie de l'Est, pour la création d'une nouvelle
ligne de Vouziers à Revigny, a donné le résultat
suivant :

SONDAGES DE L'AISNE.

1ᵉʳ SONDAGE

Sur le ruisseau de Gibermaye, près Verrières,
à 100 mètres environ de la rivière d'Aisne.

Terre végétale	0ᵐ 20
id. boueuse	» 35
Argile.	» 75
Argile très-dure	» 35
Gros graviers de gaize, très agglomérés,	
très-durs	1 05
Forage de même couche rencontré sur .	2 70
	6ᵐ

2ᵉ SONDAGE

Traversée de l'Aisne à Alleval.

Terre végétale semi-argileuse. 0ᵐ 90
Argile verte presque pure. . . . . . » 50
Sables fins limoneux, avec alluvions . 1 20
Sables plus gros, limoneux, coquillers,
 détritus de l'Aisne 1 50
Limon boueux 1 90
Sables gris mêlés de cailloux roulés de
 gaize . . . . » 20
Plus durs. 1 20
Plus durs encore . . . . » 28
Plus résistants . . . . » 52
____
8ᵐ 20

3ᵉ SONDAGE

Le long du chemin de Alleval.

Terre végétale 1ᵐ 80
N° 2. Argile maigre sableuse, nuagée tachée
 d'oxyde de fer, ayant quelque analogie
 avec l'argile du gault. . . . . . . » 70
Argile plastique se rapprochant du gault » 30
Argile sableuse comme le n° 2 . . . » 50
 id. avec cailloux roulés de
 gaize 1 40
Argile à peu près semblable sur. . . 1 22
____
5ᵐ 92

4ᵉ SONDAGE

Traversée de l'Aisne près de la Sucrerie.

Terre végétale argileuse	0ᵐ 80
Sables fins vaseux, très légers, mêlés de détritus.	1 50
Sables gris plus durs et plus gros sans cohésion	» 30
Sables verdâtres, noirs, gros et plus consistants.	2 » »
Argile noire assez dure.	1 50
Plus dure.	» 50
Plus dure encore	» 48
	7ᵐ 08

5ᵉ SONDAGE

Traversée de l'Aisne à la ferme de Bignipont, limite des terres aux prairies.

Rive gauche.

Terre végétale, argile et remblais amenés par les eaux pluviales	2ᵐ 80
Argile maigre	» 20
Pierraille gaize et argile très divisée .	» 50
Forage de gaize compacte parfaitement déterminée.	» 75
	4ᵐ 25

Rive droite.

Terre végétale argileuse	1ᵐ » »
Sables très fins limoneux.	1 » »
Sables gris très légers mêlés de détritus	1 50
Graviers de gaize roulés assez gros. .	» 60
Forage de gaize compacte.	» 35
	4 45

6ᵉ SONDAGE

Entre Bignipont et Chaude-Fontaine.

Terre végétale	2ᵐ	» »
Argile très plastique privée de carbonate		
de chaux	1	05
Argile maigre sableuse	»	75
Argile maigre avec cailloux roulés de		
gaize, détritus d'eau douce. . . .	1	20
Même argile mais plus argileuse . .	1	» »
Argile sableuse mêlés de cailloux roulés		
de carbonate de chaux.	»	15
id avec plus gros cailloux.	»	05
Argile maigre assez compacte . . .	»	10
Gaize.	»	» »

6ᵐ 30

7ᵉ SONDAGE

A 400 mètres en aval du moulin de Chaude-Fontaine.

Terre végétale	1ᵐ	95
Argile très sableuse chargée de carbonate		
de chaux	1	05
Sables amenés par les sources . . .	»	75
Sables limoneux terreux additionnés de		
cailloux roulés de gaize	1	25
Argile sableuse jaunâtre additionnée de		
cailloux siliceux et cailloux roulés de		
carbonate de chaux.	»	55
Argile sableuse légèrement onctueuse		
additionnée de cailloux roulés de car-		
bonate de chaux.	»	30

5ᵐ 85

8e SONDAGE

Traversée de l'Aisne entre Chaude-Fontaine et la Neuville-au-Pont.

Terre végétale jaunâtre très argileuse .	0m	90
Argile pure	»	60
Argile noire avec coquilles d'eau douce.	»	30
Argile grise	1	40
Petites pierrailles de gaize.	1	70
Forage de gaize compacte.	»	30
	5m	20

9e SONDAGE

Traversée de l'Aisne près le village de la Neuville-au-Pont.

Terre végétale argileuse	1m	60
Terre sableuse	1	»
Graviers roulés de gaize, assez gros, très agglomérés et très durs reposant sur la gaize compacte	2	10
	4m	70

SONDAGES DE L'ANTE.

10e SONDAGE.

Traversée de l'Ante au pont des Bergers.

Terre végétale argileuse jaunâtre . .	1m	10
Argile	»	70
Argile avec taches ferrugineuses . .	1	20
Sables mêlés de graviers roulés de gaize	»	30
Grosse gaize, mêlée de gros cailloux roulés reposant sur la gaize compacte	»	60
	3m	90

11ᵉ SONDAGE.

Traversée de l'Ante près du bois de la Grange Albeau.

Terre argileuse.	1ᵐ	»
Argile pure jaunâtre	»	50
Argile grise.	1	30
Sables agglomérés mêlés de détritus, fragments de coquilles d'eau douce.	»	20
Argile noire semi-plastique	»	80
Pierraille de grosse gaize	1	05
	4ᵐ	85

12ᵉ SONDAGE.

Rive gauche, limite du territoire d'Elize et de Châtrices.

Terre végétale	1ᵐ	55
Argile maigre	1	05
Sables et graviers	»	30
Sables mêlés de coquilles d'eau douce et détritus.	1	10
Sables mêlés de cailloux roulés de gaize reposant sur la gaize compacte	1	20
	5ᵐ	20

13ᵉ SONDAGE.

Proche la route de la Hotte.

Terre végétale argileuse	0ᵐ	36
Argile jaune peu compacte	»	84
Argile verte peu consistante	»	76
Terrain argilo-tourbeux	»	14
Argile verte de consistance moyenne	2	90
Gaize.	»	74
	5ᵐ	74

14ᵉ SONDAGE.

Sur le bief du moulin d'Ante.

Terre végétale	0ᵐ	65
Terre rouge argilo-sableuse	»	80
Terre verdâtre argilo-sableuse . . .	»	75
Graviers terreux fermes	»	40
Sables verts mêlés de concrétions sableuses	2	10
Sables verts compacts	»	65
	5ᵐ	35

15ᵉ SONDAGE.

Dans la vallée proche la Neuville-aux-Bois.

Terre végétale	0ᵐ	60
Terre rapportée mêlée de tuileaux et pierrailles.	»	65
Terre jaunâtre argileuse	«	75
Terre noire mêlée de débris de bois .	»	35
Argile verdâtre sableuse mêlée de débris de végétaux	1	03
Sables gris vaseux mêlés de débris divers	»	50
Vase sableuse ferme nuancée de gris .	»	42
Graviers assez purs	«	84
Sables verts	»	70
	5ᵐ	84

SONDAGES DE L'AUVE.

16e SONDAGE.

Près de l'hospice de Sainte-Ménehould, à son affluent dans l'Aisne.

Rive droite.

Terre végétale argileuse	1ᵐ 96
Argile à teintes ferrugineuses	» 90
Sables fins verts et vaseux	» 30
Argile ferrugineuse	» 40
Argile blanche semblable au tuf avec coquilles gastéropodes	» 80
Cailloux roulés de gaize sans cohésion.	» 35
(Forage.) Sables fins argileux . . .	2 65
Sables gris mêlés d'argile plastique .	» 17
Sables gris un peu plus fermes . . .	» 33
id. assez durs	» 25
id. plus durs	» 25
	8ᵐ 30

17e SONDAGE.

Rive gauche.

Terre végétale	0ᵐ 80
Remblais de moellons, tuileaux provenant de l'incendie de Ste-Ménehould.	1 20
Sables fins limoneux mêlés de détritus.	» 30
Remblais pierres, bois et débris de toutes sortes	» 20
Sables légèrement vaseux	» 90
Sables argileux tendres	1 30
(Forage.) Argile grise mêlée de cailloux roulés de gaize	2 10
Argile blanche ressemblant au tuf . .	» 65
	7ᵐ 45

SONDAGES DANS LA VALLÉE DE LA TOURBE.

18ᵉ SONDAGE.

Sondage près du faîte au-dessus du bois de Ville-sur-Tourbe sur Cernay-en-Dormois.

Rive droite.

Terre végétale légèrement argileuse	.	0ᵐ 64
Tuf crayeux	.	» 87
Sables verts	.	1 56
		3ᵐ 07

19ᵉ SONDAGE.

Rive gauche.

Terre végétale argileuse	.	1ᵐ 01
Tuf crayeux	.	» 66
Sables verts	.	» 70
		2ᵐ 37

20ᵉ SONDAGE.

Sondages aux abords de la ferme de Bayon à 800ᵐ aval.

1° Sables verts légèrement argileux	.	0ᵐ 51
Sables verts	.	1 10
Sables verts plus fermes . . .	.	2 39
		4ᵐ »
2° Sables verts mêlés d'argile . . .	.	0ᵐ 39
Sables verts	.	1 65
Sables verts plus fermes . . .	.	1 98
		4ᵐ 02

3° Terre argileuse mélangée de sables
verts . . . . 0^m 89
Sables verts 1 30
Sables verts plus fermes 1 65

3^m 84

21e SONDAGE.

Sondage aux abords de Sugnon, près du bois de Cernay-en-Dormois.

Terre végétale . . . . 0^m 28
Gaize mélangée de terre sableuse . . 0 48
Gaize mélangée de sables verts . . . 0 52
Gaize plus ferme 0 25

1^m 53

II

Eboulements

Les collines de notre arrondissement sont des roches tendres qui subissent les influences atmosphériques ; la désagrégation s'effectue lentement, il est vrai, et ces fragments sont entraînés au pied des escarpements où ils s'amoncellent.

Ces agglomérations engendrent des monticules que nous désignons sous le nom d'éboulements.

Ceux-ci sont assez communs au bas des collines de la gaize où les escarpements sont abrupts.

J'ai pu faire cette constatation sur plusieurs contrées, principalement à Passavant, Verrières, Ste-Mènehould, Chaude-Fontaine, la Neuville-au-Pont, Florent, Moiremont, Vienne-la-Ville, Vienne-le-Château, etc. ; quelques-unes de ces collines sont garnies de vignes ; il arrive parfois que terres et ceps glissent à la base de ces montagnes, à la suite d'un grand orage ; ces accidents peuvent être assimilés aux éboulements.

Il est aussi à remarquer que les inondations élargissent souvent le lit des rivières : la rapidité avec laquelle l'eau coule, mine les bords qui à la suite se rompent et forment des éboulements engendrant souvent des barrages naturels dans le fond des rivières.

Toutes ces désagrégations étant entraînées par les eaux pluviales, forment des alluvions nouvelles que nous constatons journellement.

III

Tourbes.

La tourbe est malheureusement trop commune dans notre arrondissement, où elle apparaît dans les vallées de l'Auve, de l'Yèvre, de la Bionne, de la Tourbe.

La production de ces tourbes est déterminée principalement par l'amoncellement de détritus de végétaux et autres substances mêlées de sables fins terreux enfouis ou accumulés dans les parties humides et marécageuses.

Sur cette nouvelle formation croissent des végétaux cellulaires constamment submergés, tels que roseaux et plantes aquatiques qui ont la propriété de se multiplier avec rapidité et de former un tissu souterrain sur lequel le pied rebondit ; ces parties sont désignées dans nos contrées sous le nom de tourbes et tourbettes.

Ces excroissances végétales se décomposent chaque année ; le débordement des eaux qui traversent les vallées tourbeuses, chariant chaque fois d'autres substances végétales, accroît insensiblement le fond des vallées.

En général les tourbes n'ont pas une grande épaisseur ; cependant, dans certaines contrées, à Orbéval par exemple, j'ai vu enfoncer des perches qui mesuraient trois et quatre mètres, sans rencontrer aucune résistance ; il est vrai que ce sondage s'effectuait aux alentours d'une source dite puisard.

La tourbe, d'un noir foncé, résultant de la décomposition des végétaux, pourrait être utilisée pour le chauffage ; il n'en est fait aucun usage dans notre arrondissement.

Le seul moyen d'arriver à détruire ces lacs souterrains alimentés par les sources continuelles des sables verts, de la craie tufeau et de la craie blanche, serait le desséchement ; le défaut de pente s'oppose souvent à ce travail.

Ces formations de l'époque actuelle peuvent cependant subir des modifications, car il n'est pas douteux qu'en y additionnant des carbonates de chaux, on rehausserait d'abord le sol, ensuite ces carbonates agiraient comme puissants stimulants.

J'en ai vu faire l'essai, et les résultats ont été couronnés de succès.

IV

Terre de Bruyère.

Nous rencontrons sur plusieurs points, dans les forêts de l'arrondissement de Ste-Ménehould, une terre noire légèrement siliceuse, mélangée de matières organiques ; elle provient de la décomposition des végétaux, tels que fougères et bruyères, qui croissent abondamment sur les terrains siliceux dont j'ai fait mention aux atterrissements des terrains diluviens.

Cette couche d'humus, désignée sous le nom de terre de bruyère, est très recherchée des horticulteurs, pour la culture de certaines plantes qui ne peuvent se développer que dans des terres légères.

ENGRAIS MINÉRAUX

C'est à la géologie que l'agriculture doit la découverte de ses amendements minéralogiques.

Sans elle, mettrions-nous en usage tous ces puissants engrais ?

L'agriculture ignorerait l'existence de ces trésors ; elle est donc devenue tributaire de cette science.

Pour arriver à l'application intelligente des ressources qui lui sont offertes, le cultivateur doit faire l'étude du sol qu'il veut modifier, l'analyse lui indique les sels qui lui font défaut.

Il ne m'appartient pas de traiter cette question (*ex professo*) ; néanmoins, en recourant à la constitution de notre arrondissement et aux analyses qui en ont été la conséquence, nous sommes amenés à avancer que les craies tufeaux, les craies blanches et les terrains diluviens doivent entrer comme amendement dans la culture du sol.

Les autres étages peuvent également être utilisés, nous en parlerons ultérieurement.

DES CARBONATES DE CHAUX

Les carbonates de chaux sont nombreux et puissants dans l'arrondissement de Ste-Méne-

hould ; ils apparaissent sous deux formes différentes :

1° Les craies tufeaux et craies blanches, à
l'état de roches ;

2° Les dépôts diluviens, carbonates de chaux,
à grains ténus.

I

Craie tufeau et craie blanche.

Ces deux étages, qui occupent les deux tiers
de l'arrondissement, seraient d'une immense
ressource pour plusieurs de nos contrées du
Vallage, s'ils étaient à leur proximité

Leurs formations, consistant en carbonates de
chaux presque purs, agiraient comme stimulant
sur les atterrissements argilo-sableux ; ils peuvent
aussi être employés d'une façon avantageuse
dans les prairies tourbeuses marécageuses.

Plusieurs expériences ont eu lieu qui ont
donné de bons résultats.

Il est très difficile d'aborder avec chevaux et
voitures les contrées marécageuses ; on profite,
il est vrai, de l'action des gelées pour cette opération, mais d'autres inconvénients surgissent.

Dans l'arrondissement, la propriété est trop
morcelée, et le cultivateur recule souvent devant
le projet d'améliorer sa propriété, en présence
des obstacles sans cesse renaissants qui résultent
de l'enclave.

II

Dépôts diluviens.

Les dépôts diluviens sont en majeure partie composés de carbonate de chaux à l'état ténu.

Ces dépôts, qui occupent la vallée de l'Ante et la rive gauche de l'Aisne, apparaissent aussi sur la rive droite, à Chaude-Fontaine, la Neuville-au-Pont, Moiremont, se continuent sur Vienne-la-Ville, Vienne-le-Château, Servon, Binarville.

Plusieurs de ces alluvions, ayant les mêmes propriétés que la craie tufeau et la craie blanche, peuvent à peu de frais être utilisées comme amendements et procurer de grandes ressources à l'agriculture ; celles qui offrent le plus d'avantages sont les marnes carbonates de chaux, abondantes à Servon, Vienne-la-Ville, Vienne-le-Château, Moiremont, la Neuville-au-Pont, Argers, Elize, Daucourt, Antes, le Vieil-Dampierre, Givry-en-Argonne.

Nous pouvons du reste en juger par ce qui va suivre.

Je lisais, il y a quelque temps, un mémoire sur le domaine d'Uthion, adressé par M. Chémery, qui en est le propriétaire, à la commission ministérielle le 27 janvier 1860.

J'extrais de la page 19 de ce mémoire le passage suivant :

« Il y a quelques dizaines d'années, que, « préoccupé par la résistance de mon sol, de sa « compacité, de son inconstance végétale, dois-je

« aussi dire, j'ai répandu sur les terres de cette
« nature 180 (1) mètres cubes environ par hec-
« tare de marnes caillouteuses, et je choisis pour
« le bien de cette opération le moment des
« semailles. »

« Depuis cette époque (1839) des modifications
« sensibles se sont opérées sans que pour cela
« il fût utile de revenir dans le même sol au
« renouvellement du marnage. »

Les cailloux de marnes, répandus dans les
terres argileuses compactes, dans les proportions
de 180 mètres cubes, comme l'a fait M. Chémery,
ont la propriété de diviser et d'aérer le sol.

Privées qu'elles étaient de lumière, et par
raison de chaleur, ces terres se sont raréfiées ;
les marnes carbonates de chaux se sont réduites
en poudre sous les influences atmosphériques
et leur ont abandonné les sels qu'elles conte-
naient.

Ces amendements peuvent donc être répandus
sur toutes les terres argilo-sableuses et les atterrissements sujets à se tasser par l'action des
vents et des grandes pluies, enfin sur toutes les
formations privées de carbonate de chaux.

Les communes de Moiremont, la Neuville-au-
Pont, Servon, appliquent aujourd'hui d'une
façon générale ce genre d'amendement à leurs
terres.

Les marnes de ces contrées ont des propriétés
telles, que les habitants de Florent, à 5 kilo-

(1) Cette proportion varie suivant la compacité du sol. Ces marnes
ont été répandues jusqu'à 237 mètres cubes par hectare.

mètres de Moiremont, ne reculent pas devant les sacrifices de transports, fort coûteux du reste, pour appliquer cet amendement à leur sol.

SABLES VERTS

Les sables verts, à en juger par l'analyse, nous offrent peu de ressources, au point de vue des amendements

Ces sables, à l'état de silice presque pure, ne sont employés que pour le modelage de la fonte et la fabrication du verre à bouteilles ; dans notre arrondissement ils n'ont pas d'autre usage.

Cependant, quelques agriculteurs de la Champagne ont fait l'essai de ces sables sur leurs terres.

Ainsi, les 15 et 16 avril 1875, j'avais l'honneur d'être en relation avec le président du Comice départemental de la Marne, et je m'entretenais avec lui de nos sables verts.

Je savais du reste qu'il les mettait en pratique.

« J'ai (dit M. Ponsart) obtenu des résultats « satisfaisants de l'emploi de vos sables sur mes « terres, malheureusement les frais de transport « absorbent les bénéfices acquis. »

Il serait donc établi que nos sables peuvent être utilement répandus sur le sol brûlant et crayeux de la Champagne.

En effet, quelques jours après, M. Goërg faisait transporter des sables pour la plantation de vignes dans sa propriété de Fontenelle, près Cuperly et obtenait des résultats satisfaisants.

———

NODULES DE PHOSPHATES DE CHAUX

A la partie supérieure des sables verts, nous rencontrons une couche de nodules compactes dont l'épaisseur varie ; ils servent d'engrais après leur pulvérisation.

En effet, l'analyse de ces concrétions phosphatées nous indique qu'ils recèlent des principes fertilisateurs.

Ces phosphates n'ont jamais été utilisés dans nos contrées; ils y sont simplement pulvérisés, pour être ensuite expédiés dans les Landes, où, paraît-il, les résultats sont fructueux.

C'est encore à la géologie, aidée de la chimie, que l'on doit la découverte de ces amendements.

DEUXIÈME PARTIE

AVERTISSEMENT

Je désire ardemment, Messieurs, que le travail qui est sous vos yeux puisse être utile à mon pays ; dans ce but, j'ai cru devoir retracer dans une deuxième partie la situation qui est propre à chaque canton. Bien que cette description soit une répétition de la première, à l'aide de cette division, l'on se rendra facilement compte de la formation que présente la contrée qu'on habite, et du degré d'altitude où l'on se trouve du niveau de la mer.

Le canton de Ste-Ménehould étant à la fois chef-lieu d'arrondissement, cette seule raison m'autorise à lui donner la priorité (1).

L'arrondissement de Ste-Ménehould se com-

(1) Il serait plus régulier de commencer par le canton de Dommartin-sur-Yèvre, en raison de la pente et du cours des vallées, de continuer par celui de Ste-Ménehould et terminer par Ville-sur-Tourbe.

pose de quatre-vingts communes et se divise en trois cantons :

1° Sainte-Ménehould, renferme 30 communes.
2° Ville-sur-Tourbe, id. 24 id.
3° Dommartin-sur-Yèvre, id. 26 id.

Les noms figurent sur un tableau propre à chaque canton, avec leurs écarts, rivières et ruisseaux qui les arrosent, *bureaux de poste*, distances kilométriques du chef-lieu d'arrondissement et du canton, télégraphes T.

La première colonne en regard de chaque commune renferme la légende des divers étages.

CANTON DE SAINTE-MÉNEHOULD

TOPOGRAPHIE

Le canton de Ste-Ménehould, qui a la forme d'un rectangle irrégulier, situé au centre de l'arrondissement, est sillonné de tous côtés par des montagnes, des collines et des vallées.

(Voir la topographie de l'arrondissement, page 6).

Il est borné :

Au nord, par le canton de Ville-sur-Tourbe ;
Au sud, par le canton de Dommartin-sur-Yèvre ;
A l'est, par le département de la Meuse ;
A l'ouest, par le canton de Suippes.

Il confine à ces cantons par les communes suivantes :

Au nord, Vienne-la-Ville, Berzieux, Wargemoulin et Harlus (canton de Ville-sur-Tourbe) ;

Au sud, Auve, St-Mard-sur-Auve, Rapsecourt, Dampierre-le-Château, Sivry-sur-Ante, Ante et le chemin (canton de Dommartin-sur-Yèvre ;

A l'est, par la forêt de Beaulieue et le canal de Biesme (Meuse), longeant la forêt de Ste-Ménehould et les communes de Courupt, Futeau, les Islettes, le Neuf-Four, le Claon (Meuse) ;

A l'ouest, Suippes, Bussy-le-Château et Saint-Remy-sur-Bussy.

Sa superficie se divise ainsi qu'il suit :

Terres labourables...	**27.727**	hectares.
Prés	2.101	id.
Bois, forêts.........	8.489	id.
Vignes	229	id.
Etangs	276	id.
Divers.	1.376	id.
Total........	40.198	hectares.

RIVIÈRES

Il est arrosé :

Du sud-est au nord-est, par l'Aisne ;

Au sud-sud-est, par l'Ante qui grossit l'Aisne à 1 kilomètre de Verrières ;

Au sud, par l'Auve, grossie de l'Yèvre, qui vient affluer dans l'Aisne à Ste-Ménehould ;

Du centre-ouest au nord, par la Bionne, qui se jette dans l'Aisne à Vienne-la-Ville ;

Du centre-ouest au nord-ouest, par la Tourbe ;

A l'ouest, par la Suippe, prenant sa source à Somme-Suippe et se dirigeant dans le canton de Suippes ;

A l'est, par la Biesme, prenant sa source aux étangs de St-Rouin, dont le cours sépare le canton du département de la Meuse.

RUISSEAUX

Outre les rivières que je viens de citer, de

nombreux ruisseaux parcourent aussi le canton;
ils prennent en grande partie leur source dans
les immenses forêts de l'Argonne, les uns se
jetant dans l'Aisne, l'Auve, l'Ante, la Bionne et
la Tourbe, les autres servent à alimenter un
grand nombre d'étangs.

Je puis citer :

1° Le ruisseau de Maurupt, sur Passavant, se
jetant dans l'Aisne en amont du
Pont-aux-Vendanges.

2° id. du Paquis, sur Passavant, se
jetant dans l'Aisne, près du
Pont-aux-Vendanges.

3° id. de la Grande-Rouillie, dans la
forêt de Châtrices, se jetant dans
l'Aisne, au-dessous des vannes
de décharge du moulin de Villers-en-Argonne.

4° id. des Trois-Fontaines, se jetant
dans l'Aisne, un peu au-dessous
de Châtrices.

5° id. de Porchonrupt, se jetant dans
l'Aisne, au-dessous du bois des
Chambres, écart et commune
de Châtrices.

6° id. de la Gorge-du-Chêne-Brûlé
ou de Gobé.

7° id. de la Fontaine Demercie.

8° id. de la Fontaine Dépaire, tous trois
se jetant dans l'Aisne, entre le moulin de Haut
et celui de Bas, à Verrières.

9° L'étang du Haldron, alimenté par deux

petites fontaines se jetant dans l'Aisne près du moulin de Bas en aval.

10° Le ruisseau de la fontaine de Morval, à proximité du moulin de Bas, se jette dans l'Aisne.

11°   id.   de la fontaine d'Olive, se jetant dans l'Aisne entre Ste-Ménehould et Verrières.

12°   id.   de la Gorge-aux-Taureaux, se jetant dans l'Aisne, à Alleval, écart de Ste-Ménehould.

13°   id.   de l'étang Maître-Gérard, id.

14°   id.   des Grands-Plains,   id.

15°   id.   de la Grelette, se jetant dans l'Aisne entre Ste-Ménehould et Alleval.

16°   id.   de la Grange-aux-Bois, se jetant dans l'Aisne, au nord de Ste-Ménehould.

17°   id.   de l'Etang de Souniat, se jetant dans l'Aisne, dans la contrée dite des Aulnais.

18°   id.   de Moiremont, se jetant dans l'Aisne près du bois de la Coinche, près l'un de l'autre.

19°   id.   de la Coinche, id.

20°   id.   du Gros-Pré, grossi par celui de Braux-St-Remy, alimentant l'étang de la Hotte, se jette dans l'Ante, au-dessous du moulin.

21°   id.   de Daucourt, se jetant dans

l'Ante en amont du moulin de Daucourt.

22° Le ruisseau d'Elize, se jetant dans l'Ante, en aval du moulin de Daucourt.

23°   id.   de Gibermaye, traversant la commune de Verrières, se jette dans l'Aisne en amont du moulin de Bas, aux ponts St-Barthélemy.

24°   id.   de Valmy, alimentant l'étang Leroy, se jette dans l'Auve à la ferme de la Sous-Préfecture.

25°   id.   de l'Étang d'Argers, se jetant dans l'Auve au-dessous d'Argers.

26°   id.   de la Fontaine-aux-Baloces, sur Argers, se jetant dans l'Auve, à 600 mètres de sa source.

27°   id.   de l'étang de Wachaud, se jetant dans l'Aisne, entre Chaude Fontaine et la Neuville-au-Pont.

28°   id.   de Ciga, id.

29°   id.   de Hans, se jetant dans la Bionne à Hans.

30°   id.   St-Nicolas, faisant tourner le moulin du Moulinet, se jette dans l'Aisne à l'entrée de la Neuville-au-Pont.

31°   id.   de Craimont, se jetant dans la Bionne, en amont du moulin de Courtémont.

32º Le ruisseau de l'Etang, se jetant dans la
Bionne à Arraja.

33º id. du Pré-Chiné, se jetant dans la
Bionne, au-dessus d'Arraja.

34º id. de la Mare, se jetant dans
l'Auve, à la ferme de Maupertuis.

A l'extrémité est du canton, au pied des collines qui regardent la Meuse, existent plusieurs
sources qui se jettent dans le canal de Biesme.

35º La fontaine des Germeries.
36º id. de la Contrôlerie.
37º id. du Trou-Mika.
38º id. de la Pierre.
39º id. Blanche.
40º id. du Grand-Cuvier.
41º id. du Petit-Cuvier.

ÉTANGS

Les étangs répartis sur la surface du canton
sont au nombre de trente-sept.

Ils se divisent en deux catégories :
Les étangs de forêt.
id. de plaine.

Tous ces étangs contiennent une superficie de
276 hectares.

Les étangs marqués d'un S sont en à sec complet.

ÉTANGS DE FORÊT

1º L'étang de la Grande-Rouillie.
2º id. Neuf.
3º id. de la Grande-Carpière.

4° L'étang du Gillet-de-Rhin.
5°   id.   de la Petite-Carpière.
6°   id.   des Porcheries.
7°   id.   Maujean, S.
8°   id.   des Usages.
9°   id.   Sec.

Ces neuf étangs, situés dans la forêt de Châtrices, déversent leurs eaux dans la rivière d'Aisne.

10° L'étang Neuf, dans la grande forêt de Ste-Ménehould, nouvellement créé, déversant dans l'Aisne par le ruisseau de Porchonrupt.

11°   id.   Maître-Gérard, dans la forêt communale de Ste-Ménehould, déversant dans l'Aisne par le ruisseau qui porte son nom.

12°   id.   du Souniat.
13°   id.   de Florent, territoire de Ste-Ménehould.
14°   id.   Dame-Lucie.

Tous trois, situés dans la forêt indivise de Valmy, Braux, Ste-Cohière, Dommartin-la-Planchette et Chaude-Fontaine, déversent dans l'Aisne par un même ruisseau dit du Souniat.

15° L'étang Grisé, S.
16°   id.   de Noize, S.
17°   id.   de la Collignogne, S.
18°   id.   Neuf, S.
19°   id.   de la Petite-Brumhaie, S.
20°   id.   de la Grande-Brumhaie, S.
21°   id.   de la Petite-Redde, S.
22°   id.   de la Grande-Redde, S.
23°   id.   Fourchu, S.

Ces neuf étangs, situés territoire de Moiremont, dans la forêt indivise de la Neuville au-
Pont, Moiremont et Maffrécourt, sont à sec ; le
ruisseau qui les alimente et qui existe toujours
se jette dans l'Aisne.

24° 25° 26° Les trois petits étangs de Daucourt,
   entourés de bosquets, déversant dans l'Ante,
   par le ruisseau d'Elize, en aval du moulin
   de Daucourt.

ÉTANGS DE PLAINE

27° L'étang de la Hotte, territoire de Châtrices,
         déversant dans l'Ante.
28°   id.   des Mares, S., territoire de Braux-
            St-Remy, déversant dans l'Ante.
29°   id.   d'Elize.
30°   id.   de Trinval, territoire d'Argers.
31°   id.   d'Argers,   id.
   Tous trois déversant dans l'Auve, par un
   même ruisseau dit de l'Etang-d'Argers.
32° L'étang Leroy, dont moitié est sur le terri-
         toire de Dommartin-la-Planchette,
         l'autre sur Braux-Ste-Cohière, dé-
         versant dans l'Auve par le ruisseau
         de Valmy.
33°   id.   de Wachaud.
34°   id.   de Ciga.
   Territoire de Chaude-Fontaine, déversant
   dans l'Aisne entre Chaude-Fontaine et la
   Neuville-au-Pont.
35° L'étang de la Chapelle.
36°   id.   de Sonrupt.
37°   id.   de la Croix.
   Territoire de la Chapelle-Felcourt, déversant
   dans l'Auve.

MOULINS A EAU

L'Aisne compte sur son cours, dans le canton de Ste-Ménehould, huit moulins qui sont :

Le moulin de Villers-en-Argonne, sur un canal de dérivation.

id.　　de Châtrices.

id.　　de Haut, à Verrières.

id.　　de Bas,　　id.

id.　　des Prés, à Ste-Ménehould.

id.　　de Chaude-Fontaine.

id.　　de la Neuville-au-Pont.

id.　　de Chauvrieulle (territoire de Moiremont)

Dix sur les rivières adjacentes :

Le moulin de la Hotte, sur le ruisseau du Gros-Pré.

id.　　de Daucourt, sur l'Ante (territoire de Châtrices).

id.　　de Gizaucourt, sur l'Auve.

id.　　de Gergeaux,　　id.　　(à Sainte-Ménehould).

id.　　du Moulinet, sur le ruisseau Saint-Nicolas (la Neuville-au Pont).

id.　　de Hans, sur la Bionne.

id.　　de Courtémont,　id.

id.　　de la Salle, sur la Tourbe (écart de St-Jean-sur-Tourbe).

id.　　de St-Jean-sur-Tourbe, sur la Tourbe.

id.　　des Guérins, sur la Biesme.

MOULINS A VENT

Les deux moulins à vent de St-Jean-sur-Tourbe.

Le moulin à vent de Hans.

VIGNOBLES

On cultive la vigne à Passavant, Ste-Ménehould, Chaude-Fontaine et la Neuville-au-Pont.
(Voir la première partie, page 14.)

La contenance totale des vignes est d'environ 230 hectares.

FORÊTS

Du sud-est au nord-est, aux confins de la Meuse, le canton est occupé par une partie des immenses forêts de l'Argonne dont la contenance est d'environ 8,489 hectares.

(Voir la première partie, page 16.)

ROUTES

Le canton de Ste-Ménehould est traversé :

1° Du sud-ouest à l'est, par la grande route nationale de Paris à Metz, passant à Ste-Ménehould, divisant pour ainsi dire la ville en deux parties.

2° Du centre-sud à l'ouest, par la route départementale de Reims à Ste-Ménehould, prenant son embranchement sur la grande route nationale près Orbeval.

3° Du sud-est au nord, par la route départementale N° 10 de Vitry-le-François à Vouziers, traversant la ville de Ste-Ménehould de même que la route nationale avec laquelle elle se confond à la place d'Austerlitz.

4° Du centre-est au sud-est, par le chemin de grande communication N° 15 de Sainte-Ménehould à Belval.

Du centre est au nord-est, par le chemin de

grande communication Nº 2, de Ste-Ménehould à Vouziers.

6º Du sud au sud-est, par le chemin de grande
communication Nº 16, de Triaucourt, traversant la route de Vitry-le-François à la
ferme de Vernaux, s'embranchant à l'entrée
de Villers-en-Argonne, au chemin de
grande communication de Ste-Ménehould
à Belval.

7º Par le chemin d'intérêt commun Nº 27, de
Somme-Bionne au Four-de-Paris.

Tableau des Communes qui composent le Canton de Sainte-Ménehould.

LÉGENDES DES ÉTAGES	NUMÉROS	NOMS DES COMMUNES	ANNEXES ET FERMES.	RIVIÈRES	RUISSEAUX	BUREAUX de POSTE TÉLÉGRAPHE *T*	DISTANCES kilométriques
g, gz, sv, d, a, t.	1	Sainte-Ménehould *T*....	Crève-Cœur, les Chalaides, les Vertes-Voies, la Grangette, la Grange-aux-Bois, les Germeries, la Vignette, la Vieille-Tuilerie, la Maison-Dieu, Alleval, moulin de Gergeaux, les Marécages, la Camuterie, la Haute-Maison et Briqueterie, le Texas, la Vallée-Coltet, la Hocarderie, maisons de gardes dans la forêt	Aisne... Auve ...	Infinité de ruisseaux	Chef-lieu du bur. de poste	Chef-lieu d'arrond. et de canton
gz, sv, c, et, d, a, t.	2	Argers	Sous-Préfecture (ferme)	Auve ...	de l'Etang. .... Fontaine aux Baloces	Ste-Méneh.	4
sv, c, et, a, t.	3	Braux-Sainte-Cohière...	Puise (ferme)		Valmy	...id....	5
sv, c, et, a, t.	4	Braux-Saint-Remy.....	Les Mares, Charelu (fermes)		du Gros-Pré.......... de Braux..........	...id....	9
gz, sv, d, a.	5	Châtrices	Bois des Chambres, la ferme et le moulin de la Hotte, Failly, Vernaux (fermes), bascule de la sucrerie, moulin de Daucourt..........	Aisne... Ante...	Etangs de Châtrices, de Porchourupt.	...id....	8
gz, sv, d, a.	6	Chaudefontaine.........	Bignipont (ferme), Vaux, les Aulnais	Aisne...	du Mesnil, du Rupt.	...id....	2
sv, c, et, a, t.	7	Courtémont	Saint-Hilairemont, Arraja, Matteline (fermes), bascule de la sucrerie.	Bionne.	de Craimont .... de l'Etang	...id....	12
sv, c, et, a, t.	8	Dampierre-sur-Auve....	....	Auve ...	....	...id....	7
gz, sv, d, a.	9	Daucourt	....		de Daucourt	...id....	6
sv, c, et, a, t.	10	Dommartin-la-Planchette	Les Planches (ferme), deux gardes barrières..........	Auve ...	....	...id....	5
et, a, t.	11	Dommartin-sous-Hans ..	....	Bionne.	....	...id....	10
sv, c, et, d, a.	12	Elize	Grigny, Beaulieu (fermes), les trois fermes de Montceltz..........		d'Elize..........	...id....	6
g, gz, a.	13	Florent	L'ancien moulin		Fontaine-St-Pierre.	...id....	7

ct. d. a. t.	14	Gizaucourt	Viel-Orbeval (ferme)	Auve	de la Mare	...id.	13
ct. d. a. t.	15	Hans	Deux maisons importantes à 1 kil	Bionne	de Hans	Auve	13
ct. cb. d. a. t.	16	La Chapelle-Felcourt		Auve		Ste-Ménéh.	14
cb. d. a.	17	La Croix-en-Champagne				Auve	19
gz. sb. c. d. a.	18	La Neuville-au-Pont T.	Moulin de la Neuville-au-Pont, Moulin du Moulinet, Pont-à-l'Ile, Voyon, Venise, Belvue, Naviaux (fermes), briquet. du Souniat, Maison Mante.	Aisne, Bionne	Saint-Nicolas, Wachand, du Pré-Chiné	Bur. de poste	6
cb. d. a.	19	Laval		Tourbe		Suippes	19
gz. sv. c. et. a.	20	Maffrécourt	Effrain (ferme)		Saint-Nicolas	Ste-Ménéh.	7
gz. d. a.	21	Moiremont	Uthion (ferme), moulin de Chauvrieule	Aisne	du Moiremont	...id.	5
g. gz. a.	22	Passavant	Mondésir, le Pont-aux-Vendanges (fermes)	Aisne	du Maurupt, du Paquis	Bur. de poste	14
cb. d. a.	23	Saint-Jean-sur-Tourbe	Hameau de la Sale, les Cruzi (ferme)	Tourbe		Suippes	19
cb. et. d. a. t.	24	Somme-Bionne	Station du chemin de fer	Bionne		Auve	15
cb. d. a. t.	25	Somme-Suippe	Tuilerie de Somme-Suippe	Suippe	Plusieurs ruisseaux dans le village qui grossissent la Suippe.	Suippes	25
cb. d. a.	26	Somme-Tourbe	Station du chemin de fer, une auberge y attenant	Tourbe		...id.	18
cb. et. d. a.	27	Valmy	Hameau d'Orbéval, Maigneux, la Garenne (fermes), colonne de Valmy, la Chayonnerie, station du chemin de fer, fours à chaux proches		de Valmy, qui y prend sa source.	Auve	10
gz. d. a.	28	Verrières	Le moulin de Haut, le moulin de Bas	Aisne, Ante	de Gibermaye	Ste-Ménéh.	3
gz. d. a.	29	Villers-en-Argonne	La Cence-Brissier (ferme)	Aisne		Passavant	9
ct. d. a. t.	30	Voilemont	Maupertuis, Montjouy, une partie de Plagnicourt (fermes)	Yèvre		Ste-Ménéh.	12

LÉGENDE. } g. Gault. | sv. Sables verts supérieurs. | ct. Craie tufeau. | d. Diluvien. | t. Tourbeux marécageux.
           } gz. Gaize. | c. Cénomanien supérieur. | cb. Craie blanche. | a. Atterrissements. | T. Télégraphe.

I

Sainte-Ménehould

CHEF-LIEU D'ARRONDISSEMENT

Ste-Ménehould, chef-lieu d'arrondissement et du canton qui porte son nom, est situé à l'extrémité nord-est du département de la Marne, à l'est de son canton, à 41 kilomètres de Châlons-sur-Marne, et 25 myriamètres de Paris.

Altitude : 137.

Cette petite ville, une des plus riantes du département, bâtie dans la vallée de l'Aisne, est entourée de montagnes qui appartiennent à l'étage de la gaize.

Au milieu de cette vallée, est une montagne appelée le Château, de 32 mètres de hauteur, altitude 172 ; sur le sommet et sur ses versants, une partie de la ville y est construite en amphithéâtre ; il en est de même de la seconde fraction, établie sur le versant gauche de l'Auve, à l'aspect nord ; enfin le reste de la ville repose sur pilotis ; ces trois groupes se réunissent en un seul qui est la ville actuelle.

La ville de Ste-Ménehould est arrosée par la rivière d'Aisne, qui, grossie par l'Auve communiquant par un canal, forme un cercle qui resserre dans une île les deux tiers des habitants.

Ste-Ménehould possède peu d'édifices remarquables ; je puis cependant citer le bel hôtel de ville, construit en 1730, sur pilotis.

Les moulins sont au nombre de quatre :

1° Le moulin des Prés, sur l'Aisne ;

2° id. de Gergeaux, sur l'Auve ;

3° id. de Breda, sur la Biesme ;

4° id. des Guérins, id.

Elle possède en outre :

Une sucrerie ;

Trois briqueteries, situées à la Vignette, alimentées par les argiles du gault ;

Deux à la Haute-Maison : leurs matières premières proviennent des atterrissements argilo-sableux.

Les étangs répartis sur le territoire de Ste-Ménehould sont au nombre de cinq, savoir :

1° L'étang Maître-Gérard, dans la forêt communale de Ste-Ménehould ;

2° L'étang du Souniat, 3° l'étang de Florent, 4° l'étang Dame-Lucie, situés dans la forêt indivise de Valmy, Braux-Ste-Cohière, Dommartin-la-Planchette et Chaude-Fontaine ;

5° L'étang Neuf, dans la grande forêt de Ste-Ménehould.

Les ruisseaux sont au nombre de dix, savoir :

1° Le ruisseau de Porchonrupt ;

2° Le ruisseau de la fontaine Demercie ;

3° Le ruisseau de la Gorge-du-Chêne-Brûlé ou de Gobé ;

4° Le ruisseau de la fontaine d'Epaire ;

5° Le ruisseau de la fontaine d'Olive ;

6° Le ruisseau de la fontaine au Taureau ;

7° Le ruisseau de l'étang Maître-Gérard ;

8° Le ruisseau de la Grelette ;

9° Le ruisseau de la Grange-aux-Bois ;

10° Le ruisseau de l'étang du Souniat.

Ste-Ménehould a pour écarts :

La Grange-aux-Bois, la Vignette (hameaux), Crèvecœur, les Chalaides, la Grangette, les Vertes-Voies, les Germeries, la Vieille-Tuilerie, le moulin des Guérins, le moulin de Breda, le château du bois d'Epense, la briqueterie de la Cavette, la Maison-Dieu, le moulin de Gergeaux, les Marécages, la Camuterie, la Haute-Maison, les deux briqueteries de la Haute-Maison et de la Grêverie, le Texas, la vallée Coltet, la Hocarderie, plusieurs maisons de garde dans la forêt.

Population : 4,286 habitants.

Elle est bornée :

Au nord, par les territoires de Florent et Moiremont ;

A l'ouest, par le territoire de Chaude-Fontaine ;

Au sud, par le territoire de Verrières ;

Au sud-est, par le territoire de Châtrices ;

A l'est et au nord-est, par le canal de Biesme qui sépare le canton du département de la Meuse.

Etendue du territoire : 5,711 hectares.

FORMATION GÉOLOGIQUE

La formation géologique du territoire de Ste-Ménehould se compose :

1° De l'argile du gault ;

2° Du cénomanien inférieur qui comprend : la gaize, les sables verts supérieurs, et nodules de phosphates de chaux ;

3° Du terrain diluvien et atterrissements argilo-sableux ;

4° Des formations de l'époque actuelle que recèlent les vallées de l'Aisne et de l'Auve

1° Argile du Gault.

A l'extrémité est, à la Vignette, hameau bâti sur le versant gauche de la Biesme, à la limite séparative du département de la Marne de celui de la Meuse, nous rencontrons, au pied de la gaize, de puissants dépôts composés d'argiles très plastiques appartenant à l'argile du gault.

Ce massif argileux, qui occupe la majeure partie du bassin de la Biesme, est utilisé pour la fabrication des tuiles mécaniques, briques, drains ; il alimente trois briqueteries importantes :

1° Celle de la Cavette (près la Vignette) exploitée par MM. Simon et Margaine, située sur l'ancienne faïencerie de Madame Bernard ;

2° Celle de M. Savet, à la Vignette ;

3° Celle de M. Davaux,   id.

Ces trois usines fabriquent en moyenne :

1.200.000 tuiles mécaniques et 100,000 briques.

On trouve dans cette assise argileuse plusieurs fossiles ; les ammonites sont presque toujours à l'état pyriteux ; il arrive souvent que celles-ci se décomposent sous l'influence des actions atmosphériques.

Les bivalves, au contraire, à l'état calcaire, sont pourvus d'un test mince, friable, d'un blanc mat, pulvérulent.

On y rencontre aussi des fragments de crustacés, des dents de poissons et la *Belemnites minimus.*

Ammonites interruptus.
    id.   latidorsatus.
    id.   lyelli.
Hamites sablieri.
Belemnites minimus.
Moule de natica.
Spondylus gibbosus.
Nucula pectinata.
Deutalium decussatum.
Fragment de carapace de crustacé.
Patte de crustacé.
Dent de poisson.
Polypier.

Gaize. (Cénomanien inférieur.)

Zone à ammonites inflatus.

L'étage de la gaize est celui qui domine sur le territoire de Ste-Ménehould.

Cette formation, désignée autrefois sous le nom de grès-verts supérieurs, présente au sud-est, a l'est, au nord et nord-ouest, un massif puissant, où se dévoloppent de vastes collines, dont la majeure partie à pic est couverte d'immenses forêts.

Cette roche apparaît sous diverses nuances :

1° Celle qui occupe la partie supérieure accuse une teinte verdâtre lorsqu'elle est mouillée ou qu'elle vient d'être extraite ; à l'état sec elle est d'un gris jaunâtre et se pulvérise très facilement au moindre choc ; elle demande à être mise à l'abri des intempéries de l'air.

2° Aux environs de la Grange-aux-Bois, à la côte de Biesme et dans la forêt de Valmy, nous rencontrons une gaize beaucoup plus siliceuse, désignée dans le pays sous le nom de Verlancier.

Cette gaize jaunâtre résiste beaucoup plus que la précédente à l'action des gelées et des variations atmosphériques ; elle est du reste utilisée pour les constructions : c'est avec ses moëllons que Ste-Ménehould est bâti.

3° A la percée du tunnel, entre Ste-Ménehould et les Islettes, on remarque une gaize d'un noir-ardoise qui ne tarde pas à se pulvériser sous l'influence atmosphérique.

La gaize étant une roche très sujette à se déliter au moindre choc et aux intempéries, il résulte que les fossiles qu'on y découvre sont souvent incomplets.

Je puis cependant en désigner quelques-uns dont la conservation est assez parfaite.

FOSSILES DE LA GAIZE DE SAINTE-MÉNEHOULD

Ammonites inflatus.
    id.   goupilianus
    id.   falcatus.
    id.   varians.
Nautibus triangularis.
    id.   radiatus.
    id.   fleurosianus
Hamites simplex.
    id.   armatus.
Gervilia aviculoïdes.
Pecten orbicularis.
Mouche.
Pina.
Trigonia.
Feuille.

2° Sables verts et nodules de phosphates de chaux.

Les sables verts, qui à l'ouest de Ste-Ménehould apparaissent dans la contrée dite la Grêverie, reposent sur le flanc des collines de la gaize; ils se relient avec ceux d'Argers et de Chaude-Fontaine.

Ces sables, recouverts par la couche de nodules de phosphates de chaux, dont l'épaisseur varie de 0^m10 à 0^m40 centimètres, glissent dans le fond de la vallée de l'Auve.

Cette formation, qui appartient à la zone du *pecten asper* et *ostrea carinata*, est assez fossilifère.

Les sables de cette contrée (dont la pureté est remarquable) sont avantageusement utilisés pour le modelage de la fonte et la fabrication du verre à bouteilles.

La couche de nodules, désignés dans nos contrées sous le nom de coquins, est actuellement fouillée pour être pulvérisée et servir d'engrais.

J'y ai découvert plusieurs fossiles.

FOSSILES

Pecten asper.
Ostrea carinata.
Moule de natica.
Lima pararella.
Iso cardia carantonensis.
Moule de mytylus.
Pecten orbicularis.
Dent de l'otodus appendicatus.
Vertèbre.
Queue de crustacé.
Plusieurs fruits (qui méritent l'attention des géologues).

On rencontre également sur le versant d'une colline de la gaize près la Sucrerie, rive gauche de l'Aisne, des sables fins quartzeux, teintés de jaunes chargés de carbonates de chaux laiteux ; ils ont été utilisés pour la confection des mortiers de cette usine.

Ils apparaissent également rive gauche de l'Auve, près du moulin de Gergeaux, où ils accusent les mêmes teintes.

Bien que ces sables diffèrent en couleur de ceux dont j'ai précédemment parlé, la position qu'ils occupent me fait dire qu'ils appartiennent à la même époque de formation.

3ᵉ Dépôts Diluviens.

Les dépôts diluviens occupent principalement la rive gauche de l'Aisne.

Ainsi que je l'ai déjà mentionné dans la première partie, depuis Passavant jusqu'à Ste-Ménehould, la rive droite en est tout à fait dépourvue ; c'est seulement à 1 kilomètre de Ste-Ménehould, au Texas, sur la route de Moiremont, qu'ils commencent à apparaître.

Ces alluvions sont puissantes à l'ouest, sur les sommets et versants des deux rives de l'Auve, où elles reposent sur la gaize et les sables verts.

Sur le sommet de la Grêverie, ces dépôts ont été extraits par la Compagnie de l'Est pour le ballastage de la ligne de Reims à Ste-Ménehould ; la partie caillouteuse peut être employée comme pierres sur les routes, les résidus servent à la confection des mortiers ; ils pourraient être aussi utilisés comme marnes sur les terrains argilo-sableux, en raison de la grande quantité de carbonate de chaux qu'ils renferment.

Au sud-est (rive droite de l'Auve), lieudit la Camuterie, ils sont assis sur la gaize ; dans cette contrée, j'ai remarqué une marne carbonate de chaux presque pure dont l'emploi n'a pas encore eu lieu.

Dans ces alluvions on rencontre des débris de mammouth.

En 1878, M. Rouyer, conducteur des ponts et chaussées, m'a offert une dent de ces gigantesques pachydermes, trouvée à la grèverie de Ste-Ménehould.

ATTERRISSEMENTS ARGILO-SABLEUX

Les atterrissements argilo-sableux apparaissent dans toute l'étendue du territoire, occupant généralement le sommet des plateaux et le fond des vallées ; l'épaisseur et les teintes varient suivant la position qu'ils occupent.

Ils sont nombreux et puissants dans la contrée dite de la Haute-Maison où ils reposent sur la gaize et les dépôts diluviens.

Ces atterrissements semi-plastiques, de couleur rouille, contenant 25 0/0 d'oxyde de fer granulé hydraté, alimentent deux briqueteries dont les produits ont la propriété d'être réfractaires ; dans la cuisson ils exhalent une odeur de soufre qui provoque la toux.

Ces briqueteries produisent en moyenne 1,200,000 briques.

A l'est, sur les plateaux de la Grange-aux-

Bois, ces atterrissements recouvrent la gaize; bien que plus siliceux, ils peuvent néanmoins être utilisés pour la fabrication de la brique. Nous rencontrons sur les versants et sommets de la Sucrerie des dépôts analogues : ils ont servi pour la construction de cette fabrique.

Entre Ste-Ménehould et Chaude-Fontaine, nous voyons d'autres alluvions; elles diffèrent des précédentes par leur composition beaucoup plus sableuse, additionnées de cailloux roulés de gaize.

C'est dans ces atterrissements sans consistance que l'on trouve des polypiers de la famille du *Cribo spongia*.

GRÈS JAUNES

Dans le fond des vallées, et même sur certains plateaux de la forêt de Ste-Ménehould, nous trouvons, mêlés à divers atterrissements, des grès jaunes roulés de formes et grosseurs différentes.

Voir la première partie du texte (grès jaunes, page 96).

VALLÉE DE L'AISNE

Le bassin de cette vallée est arrosé par une rivière qui porte son nom.

C'est à l'Aisne qui serpente dans cette magnifique vallée que nous devons la fertilisation de nos prairies. Le plafond recèle des agglomérations diverses de sables quartzeux, cailloux roulés de gaize, d'argiles grasses terreuses et détritus amenés par les eaux.

Ces dépôts, qui se succèdent, contribuent

chaque années à l'augmentation des alluvions.
(Voir les sondages de l'Aisne, page 105).

VALLÉE DE L'AUVE

La vallée de l'Auve, bien qu'étant une ramification de celle de l'Aisne, en diffère par sa formation.

Cet affluent, tourbeux dans toute son étendue, est de plus très marécageux ; son sous-sol tufeau et les dépôts de sables verts qui le circonscrivent, sont une des causes de sa constante humidité.

HISTORIQUE

¡Un mot sur l'origine de la ville de Sainte-Ménehould.

En remontant à une époque assez reculée, des manuscrits nous indiquent ce qu'était autrefois Ste-Ménehould, et comment cette petite ville prit ce nom.

Le château fut d'abord appelé *Castrum Axonæ*, ou *Castrum Supra Axonam* (Château-sur-Aisne), dénomination primitive que lui donnèrent unanimement les auteurs qui ont fait la description historique et géographique de la France ; quant à la bourgade, des historiens ont pensé qu'elle avait autrefois porté le nom d'Auxuenne (*Auxuenna*), nom tiré du confluent de l'Aisne et de l'Auve; d'autres lui ont donné celui d'Astenay (*Astedinum* ou *Stadonum*).

M. Claude Buirette, auteur de l'histoire de la ville de Ste-Ménehould, réfute ces dénominations; il prétend même que cette ville s'est toujours appelée Ste-Ménehould. (Voir l'histoire.)

Le cinquième siècle, dit cet auteur, commence à nous fournir des renseignements plus positifs sur le château et sa bourgade.

En 451, le château et la bourgade servirent de retraite à un grand nombre de blessés et malades, après la sanglante bataille d'Attila; ce qui contribua à l'agrandissement de la ville.

A cette époque, un seigneur du Perthois, nommé Sigmard, avait de son mariage avec Lintrude, sept filles dont la plus jeune se nommait Manecheldis (Manehould).

Manehould, élevée dans la religion chrétienne, vivait saintement avec ses sœurs.

(L'histoire rapporte qu'elles prirent toutes le voile des mains de St-Alpin, évêque de Châlons-sur-Marne.)

La principale occupation de Manehould consistait à administrer des secours aux malades; par des soins intelligents et la connaissance des simples, elle opérait des cures merveilleuses, acquérant ainsi l'affection des habitants qui la considéraient comme un ange tutélaire.

La religion chrétienne commença alors à s'établir dans Auxuenne ou Astenay.

Cette pieuse jeune fille après sa mort fut mise au rang des saintes.

La ville, qui conservait le souvenir de ses vertus, prit peu à peu le nom de Ste-Ménehould.

En 1578, survint un incendie qui détruisit 250

maisons ; en 1719, au mois d'août, un nouveau sinistre ravagea la ville entière, à l'exception du couvent des Capucins et de quelques habitations.

Ste-Ménehould fut alors reconstruit sur ses cendres, mais sur un plan plus régulier.

Pendant quelque temps, Ste-Ménehould eut une chambre de monnaie avec la lettre T.

Cette chambre a été transferée à Nantes, lors de la réunion de la Bretagne à la couronne.

Avant la Révolution, cette ville était le siège de plusieurs juridictions, telles que bailliage, prévôté, élection.

On rencontre dans la forêt de Ste-Ménehould (dite des Princes) plusieurs puits dont on ignore la date de création ; on y remarque également des jetées de terre qui ne sont autre chose que des retranchements.

Ste-Ménehould a vu naître :

1° Le père de l'illustre Berryer, avocat et homme politique, membre de l'Académie française, mort en 1868.

2° Châtillon (Louis de), peintre en émail, dessinateur et graveur de l'Académie des sciences.

3° Pérignon, dont le fils a été pendant plusieurs années député de l'arrondissement de Ste-Ménehould.

Dans le courant de mars 1880, des fouilles pratiquées près la gare, dans une contrée dite des Hazelles, ont mit à jour plusieurs tombes, avec ossements humains, dans lesquelles on a recueilli différents objets qui m'ont été donnés.

Je me suis empressé de les offrir à M. Auguste Nicaise, de Châlons-sur-Marne.

Ce savant archéologue, dans une de ses lettres de remerciement, me dit les avoir reconnus comme appartenant à l'époque gallo-romaine.

II

Argers.

Au sud-ouest, à 4 kilomètres de Ste-Méne-hould, est bâti sur un petit mamelon de sables verts que baigne un étang qui porte le nom du pays.

Argers, situé à 900 mètres environ de la rivière d'Auve, a pour écart la ferme de la Sous-Préfecture.

Il possède deux étangs : Trinval, Argers; leurs eaux affluent dans l'Auve à l'aide d'un fossé.

Altitude : 155 mètres.

Population : 183 habitants.

Etendue du territoire : 697 hectares.

Il est borné :

Au nord, par le territoire de Chaude-Fontaine;

Au nord-est, par le territoire de Ste-Ménehould ;

Au nord-ouest, par le territoire de Dommartin-la-Planchette ;

Au sud, par le territoire d'Elize ;

A l'est, par le territoire de Verrières ;

A l'ouest, par le territoire de Dampierre-sur-Auve.

FORMATION GÉOLOGIQUE

Au sud-est, à l'est et au nord, près Argers, on remarque un étage puissant de sables verts glissant dans le fond des vallées de l'Etang et de l'Auve.

Ces sables, ainsi que je l'ai constaté sur plusieurs points de cette localité, sont assis sur la gaize.

(Voir la 1ʳᵉ partie : sables verts, page 50, au nord-est d'Argers, etc.)

Les eaux ne pouvant s'infiltrer plus profondément, à cause des obstacles gaizeux qu'elles rencontrent, engendrent, à la base des collines, des sources multipliées qui rendent les prairies avoisinantes très marécageuses.

A la partie supérieure existe une couche de nodules de phosphate de chaux, dont l'extraction met à nu divers fossiles.

Sur le sommet est, dans une tranchée pratiquée à cet effet, j'ai remarqué la formation suivante :

1° Atterrissements mêlés de graviers carbonate de chaux, 0ᵐ20-0ᵐ25.

2° Argile mêlée de sables verts, 0ᵐ80. On y découvre quelques fossiles, le *Deutalium Decussatum*, des moules de *Cardium*.

3° Couche de nodules, 0ᵐ30-0ᵐ40.

Au nord-est, dans les environs de la ferme de la Sous-Préfecture, j'ai constaté la même formation.

Sur le plateau nord-est, ces sables sont recouverts par le terrain diluvien, très puissant dans cette contrée.

La colline qui borde au sud l'étang d'Argers est composée de sables verts d'une pureté remarquable ; ils peuvent être avantageusement utilisés pour le modelage de la fonte et la fabrication du verre à bouteilles.

Au sud et sud-ouest, près le village, les marnes

blanches crayeuses (cénomanien supérieur), viennent se superposer à ces sables.

J'ai recueilli dans cette contrée, dite Paradis-des-Chats :

La *Terebratula semi-globosa*, la *Serpulea vermicularia*, un pecten, un spondyle, le *Holaster sub-globosus*, un ammonite que je crois être la *Rhotomagensis*.

A l'est et au sud-est, existent de puissants dépôts d'atterrissements argilo-sableux, pouvant être utilisés pour la fabrication de la brique.

III

Braux-Sainte-Cohière.

Au nord-ouest, à 5 kil. de Ste-Ménehould ; est bâti dans le fond d'une vallée, entouré de collines de craie tufeau et marnes crayeuses.

Ce village est arrosé à l'ouest par le ruisseau de Valmy, qui alimente l'étang Leroy, dont moitié est sur le territoire de Braux, l'autre sur celui de Dommartin-la-Planchette.

A proximité de cet étang est la ferme de Puise, écart de Braux.

Altitude : 160 mètres.

Population : 180 habitants.

Etendue du territoire : 617 hectares.

Il est borné :

Au nord et nord-est, par le territoire de Maffrécourt ;

Au sud, par le territoire de Dommartin-la-Planchette ;

A l'est, par le territoire de Chaude-Fontaine;

A l'ouest par le territoire de Valmy ;

Au nord-ouest, il se dirige en pointe sur le territoire de Dommartin-sous-Hans.

FORMATION GÉOLOGIQUE

A l'extrémité est, les sables verts de Chaude-Fontaine viennent se terminer sur Braux-Ste-Cohière où ils sont immédiatement recouverts par les marnes crayeuses.

Au sud, j'ai rencontré dans le tuf cénomanien,

estimé pour la chaux hydraulique, le *janira*, où il est commun, un pecten voisin de l'*orbicularis*;

Au nord, une seule *terebratulina campaniensis*, des opercules de *janira*.

J'ai recueilli de MM. Chevalier et Varin, propriétaires à Braux-Ste-Cohière, quelques renseignements concernant le forage d'un puits communal, que l'on remarque à droite à l'entrée du village.

Ce puits, dont la profondeur, il y a quelques années, n'avait que 9 mètres, tarissait facilement en été.

Après un nouveau forage, à une profondeur de 10 mètres, sont apparus les sables verts compacts sur une épaisseur de 3^m50 à 4 mètres, reposant sur un tuf gaizeux qui, sous la pioche, se mettait en feuillets. A peine quelques-uns de ces feuillets furent-ils soulevés, que l'eau jaillit avec intensité.

A partir de cette époque, ce puits a toujours fourni une eau saine et abondante.

Les prairies qu'arrose le ruisseau de Valmy sont tourbeuses-marécageuses.

IV

Braux-Saint-Remy.

A l'extrémité sud du canton, distant de 9 kil. de Ste-Ménehould, est bâti sur le versant d'une colline de marnes crayeuses.

A 500 mètres du village, le ruisseau du Gros-Pré, grossi par celui de Braux-St-Remy, arrose une prairie tourbeuse-marécageuse.

Il a pour écarts la ferme de Charélu et celle des Mares.

Altitude : 170-180.

Etendue du territoire : 957 hectares.

Population : 155 habitants.

Il est borné :

Au nord, par le territoire de Daucourt ;

A l'est et au sud-est, par le territoire de Châtrices ;

Au sud, par le territoire de Sivry-sur-Ante (canton de Dommartin-sur-Yèvre) ;

Au sud-ouest, par le territoire de Dampierre-le-Château, même canton ;

A l'ouest, par le territoire d'Elize

FORMATION GÉOLOGIQUE

Au sud-est, les sables verts, accompagnés de nodules disséminés, apparaissent à nu sur le versant d'une colline qui borde la vallée du Gros-Pré ; ils sont la continuation de ceux d'Ante et de Châtrices.

Ces sables sont immédiatement recouverts par les marnes crayeuses qui apparaissent à l'ouest sur ce territoire.

A l'est, dans les contrées de la ferme et le bois des Mares, la gaize est recouverte par les dépôts diluviens et atterrissements argilo-sableux puissants dans cette contrée.

Le versant des collines présente la gaize à nu.

V

Châtrices.

A 8 kil. au sud-est de Ste-Ménehould; est bâti sur la rivière d'Aisne, dans une vallée encadrée par des montagnes de gaize, à proximité d'une forêt qui porte son nom.

Cette commune, n'étant composée que de parties disséminées, est, par ce fait, dépourvue d'église et d'école communale.

Elle a pour écarts :

1° Le hameau du Bois-des-Chambres, à 3 kil. au nord de Châtrices ;

2° Le moulin de Daucourt, sur l'Ante, à 4 kil. de Châtrices ; ce moulin porte ce nom, probablement parce qu'il confine au territoire de Daucourt ;

3° La ferme et le moulin de la Hotte, à l'affluent du ruisseau du Gros-Pré, dans l'Ante, baignés par un étang qui porte le nom du moulin ;

4° La ferme de Failly ;

5° La ferme de Verseaux.

Ces deux fermes, situées à l'extrémité sud, sur le sommet en bordure de chacune des collines de la vallée du Gros-Pré, sont à 100 mètres environ de la route départementale de Ste-Ménehould à Vitry-le-François.

6° La bascule de la sucrerie sur la route départementale.

· Châtrices fait partie de la paroisse de Villers-en-Argonne.

Ce territoire est arrosé par l'Aisne, l'Ante et plusieurs ruisseaux ; il possède trois moulins :

1° Le moulin de Châtrices, sur l'Aisne.

2° Le moulin de Daucourt, sur l'Ante.

3° Le moulin de la Hotte, sur le ruisseau du Gros-Pré.

Dix étangs, dont neuf dans la forêt de Châtrices et un dans la plaine.

(Voir la topographie du canton, étangs, page 132.)

Altitude : 145 mètres.

Population : 129 habitants.

Étendue du territoire : 1.953 hectares.

Il est borné :

Au nord, par la grande forêt de Ste-Ménehould (dite des Princes);

A l'est, par le canal de Biesme, qui sépare la Marne de la Meuse ;

Au sud-est, par le territoire de Villers-en-Argonne et la forêt de Baulieue (Meuse);

Au sud, par le territoire de Braux-St-Remy ;

A l'ouest, par le territoire de Daucourt ;

Au nord et nord-ouest, par le territoire de Verrières.

FORMATION GÉOLOGIQUE

A l'extrémité sud, aux fermes de Vernaux et Failly, on rencontre les sables verts, occupant le versant des collines de gaize de la vallée du Gros-Pré, où ils se terminent à peu de distance sur Braux-St-Remy.

Ces sables sont recouverts par le diluvien,

puissant dans cette contrée, ainsi que dans la vallée de l'Ante, où il est souvent à nu.

Sur les plateaux, on rencontre des atterrissements argilo-sableux qui, d'une part, sont superposés aux dépôts diluviens ; ailleurs, ils reposent directement sur la gaize.

Le surplus du territoire, à l'est, au nord et à l'ouest, est occupé par un massif puissant de gaize, recouvert de faibles atterrissements, sur lesquels croît une magnifique forêt.

La teinte de la gaize est quelque peu variable dans cette contrée ; j'ai remarqué que les formations qui avoisinent l'Aisne et l'Ante sont jaunâtres-verdâtres, tandis que sur plusieurs points, à 4 kil. dans la forêt de Châtrices, on rencontre une gaize beaucoup plus siliceuse, fortement chargée d'oxyde de fer hydraté. (Contrée dite du Gillet-de-Rhin.)

Les ammonites, hamites et scaphites sont assez communes.

Dans le fond des vallées de la forêt de Châtrices, apparaissent communément, à la surface même du sol, des grès jaunes, mêlés à divers atterrissements composés d'argiles jaunes siliceuses et cailloux roulés de gaize ; en maints endroits, ces atterrissements fuient très facilement.

Autrefois ces grès servaient de matière première pour la fabrication du verre à bouteilles ; aujourd'hui l'extraction en est abandonnée.

(Voir grès jaunes, page 96).

La terre dite de bruyère est commune dans cette forêt.

VI

Chaude-Fontaine.

Au nord-ouest, à 2 kil. de Ste-Ménehould ; bâti à peu de distance de l'Aisne, sur le versant d'une colline de gaize ; est traversé par la route départementale de Vitry-le-François à Vouziers.

Il est arrosé à l'extrémité sud par l'Auve qui le côtoie, par les ruisseaux du Mesnil et du Ruth, qui sont des affluents de l'Aisne.

Il possède deux étangs : Ciga, Wachaud, en à sec.

Ecarts : la ferme de Bignipont et Vaux.

Altitude : 135, 140, 150.

Population : 412 habitants.

Etendue du territoire : 1.296 hectares.

Il est borné :

Au nord, par le territoire de la Neuville-au-Pont ;

Au nord-est, par une faible partie du territoire de Moiremont ;

Au nord-ouest, par le territoire de Maffrécourt;

A l'ouest, par le territoire de Braux-Ste-Cohière ;

Au sud-ouest, par le territoire de Dommartin-la-Planchette ;

Au sud, par le territoire d'Argers ;

A l'est, par le territoire de Ste-Ménehould.

FORMATION GÉOLOGIQUE

A l'ouest, sur le flanc des collines de la gaize, les sables verts occupent une largeur d'environ

2 kilomètres ; ils se relient avec ceux de Ste-Ménehould, Argers et Dommartin-la-Planchette.

Les marnes crayeuses recouvrent ces sables dans les environs de Braux-Ste-Cohière.

A la partie supérieure, on rencontre à différents niveaux une couche de nodules très riche de 0^m30 à 0^m40 centimètres activement fouillée pour entrer dans le commerce.

J'ai recueilli dans les phosphates de cette contrée plusieurs fossiles qui figurent dans l'atlas de l'arrondissement de Ste-Ménehould ; ceux qui caractérisent le mieux cette formation sont : le *Pecten asper*, l'*Ostrea carinata*.

J'ai également rencontré diverses espèces de fruits.

FOSSILES

Nautilus clementinus.
Ammonites milletianus.
    id.   bicurvatus.
Pecten asper.
Ostrea carinata.
Pleurotomaria.
Terebratula dutempleana.
Solarium granosum.
Natica martinii.
Panopœa acutisulcata.
Isocardia carantonensis.
Janira œquicostata.
Plicatula.
Cardium moutonianum.
Inoceramus sulcatus.
Trigonia œliformis.
Moule de crassatelle.

Arca fribosa.

Pecten puzosianus.

Dents de l'otodus appendicatus.

  id.   de migalosaure.

Queue de crustacé.

Dent.

Vertèbres de poissons.

Plusieurs fruits.

Généralement la couche de nodules est recouverte par des atterrissements silico-argileux d'un gris-sale, variant suivant la déclivité du sol de 0^{m}30 à 2 mètres ; on remarque aussi à l'ouest dans le fond d'une vallée, qui est une ramification de l'Auve, les nodules à la surface ; ailleurs les terrains diluviens leur sont superposés.

Le surplus du territoire, fort accidenté, est occupé par la gaize, qui est la formation principale ; elle est recouverte en maints endroits par le diluvien et atterrissements argilo-sableux.

Le versant des collines où la gaize est à nu n'offre d'autres ressources que la plantation de la vigne et du bois.

A l'est, entre Ste-Ménehould et Chaude-Fontaine, on rencontre des atterrissements sans consistance, en majeure partie composés de cailloux roulés de gaize et graviers carbonate de chaux ; on y découvre des polypiers apparnant à la famille du *Cribo spongia*.

VII

Courtémont.

Au nord-ouest, à 12 kil. de Ste-Ménehould ; bâti sur le versant d'une colline de craie tufeau, à proximité d'une prairie tourbeuse-marécageuse ; est arrosé par la Bionne qui fait tourner un moulin, par le ruisseau de Craimont, qui afflue dans la Bionne à Courtémont, et celui du Fossé-de-l'Etang, qui se jette dans la Bionne à Arraja.

Il a pour écarts :

La ferme de St-Hilairmont, Arraja, la Bascule de la Sucrerie et la ferme Mattelin.

Altitude : 135, 140.

Population : 322 habitants.

Etendue du territoire : 1.057 hectares.

Il est borné :

Au nord, par le territoire de Berzieux (canton de Ville-sur-Tourbe) ;

A l'ouest, par le territoire de Hans ;

Au sud, par le territoire de Dommartin-sous-Hans ;

A l'est, par le territoire de la Neuville-au-Pont.

FORMATION GÉOLOGIQUE

A l'extrémité nord-est, à Arraja, la gaize est parfaitement caractérisée ; elle est recouverte par les sables verts et nodules phosphates de chaux, disséminés à la surface. Ces sables, qui occupent une faible partie du territoire, sont immédiatement recouverts par les marnes crayeuses.

A l'ouest, au sud et à l'est, la craie tufeau occupe ces contrées.

VIII

Dampierre-sur-Auve.

Au sud-ouest, à 7 kil. de Ste-Menehould ; est
bâti sur le versant d'une petite colline de craie
marneuse à 200 mètres environ de l'Auve, qui
arrose une prairie tourbeuse-marécageuse.

Altitude : 150.

Population : 58 habitants.

Etendue du territoire : 496 hectares.

Il est borné :

Au nord, par le territoire de Dommartin-la-
Planchette et Valmy;

A l'ouest, par le territoire de Gizaucourt ;

Au sud, par le territoire de Voilemont;

Au sud-est, par le territoire d'Elize ;

A l'est, par le territoire d'Argers.

FORMATION GÉOLOGIQUE

A l'extrémité est, les sables verts que nous
rencontrons à Argers, se terminent sur une
faible partie de Dampierre, où ils sont immédiatement recouverts par les marnes crayeuses qui
avec la craie tufeau occupent le surplus du territoire.

Sur plusieurs points, les plateaux et les versants des collines sont recouverts d'atterrissements rouges semi-argileux.

Dans le talus d'un chemin qui conduit de
Dampierre à Voilemont, j'ai constaté que le tuf

de cette contrée est très siliceux ; j'ai rencontré des blocs énormes sur lesquels le marteau s'émoussait.

J'y ai recueilli : l'*ammonites peramplus*, la *rhynchonella cuvieri*, la *terebratula semi-globosa*.

IX

Daucourt.

Au sud, à 6 kil. de Ste-Ménehould, traversé par la route départementale de Vitry-le-François à Vouziers ; est bâti sur le sommet d'une colline de gaize ; à 600 mètres environ du village, dans le fond d'une vallée, coule le ruisseau dit de Daucourt, qui prend sa source sur ce territoire et afflue dans l'Ante, à proximité et en amont du moulin de Daucourt.

Altitude : 180.

Population : 128 habitants.

Etendue du territoire : 341 hectares.

Il est borné :

Au nord et à l'ouest, par le territoire d'Elize ;

Au sud, par le territoire de Braux-St-Remy ;

A l'est, par le territoire de Châtrices.

FORMATION GÉOLOGIQUE

La gaize est le seul étage qui soit apparent sur ce territoire ; le versant sud est recouvert par les sables verts et dépôts diluviens.

Des fouilles pratiquées en cet endroit par l'administration des ponts et chaussées, ont démontré la formation des sables verts supérieurs agglutinés à la gaize.

Au nord, le versant des collines présente la gaize à nu et n'offre aucune ressource, si ce n'est la plantation.

La majeure partie des vastes plateaux que présente ce territoire est recouverte par le diluvien et atterrissements argilo-sableux très puissants et estimés.

X

Dommartin-la-Planchette.

A l'ouest, à 5 kil. de Ste-Ménehould, traversé par la route nationale de Paris à Metz ; est bâti au pied d'une colline de craie tufeau, à peu de distance de la rive gauche de l'Auve qui arrose une prairie tourbeuse-marécageuse.

Ce territoire possède la moitié de l'étang Leroy ; l'autre, comme nous l'avons vu, appartient à Braux-Ste-Cohière.

Il a pour écarts :

La ferme des Planches, deux maisons de garde-barrières.

Altitude : 150.

Population : 128 habitants.

Etendue du territoire : 327 hectares.

Il est borné :

Au nord, par le territoire de Braux-Ste-Cohière ;

Au nord-est, par le territoire de Chaude-Fontaine ;

A l'ouest, par le territoire de Valmy ;

Au sud, par le territoire de Dampierre-sur-Auve ;

A l'est, par le territoire d'Argers.

FORMATION GÉOLOGIQUE

A l'est, à la ferme de la Sous-Préfecture, nous rencontrons la gaize, recouverte par les sables verts et les nodules de phosphates de chaux, dont la couche, de 0^m30 à 0^m40 centimètres, est très riche dans cette contrée.

En nous rapprochant de Dommartin-la-Planchette, et en se dirigeant sur Braux-Ste-Cohière, ces dépôts sableux sont immédiatement recouverts par les marnes crayeuses.

J'y ai recueilli :

La *vermicularia imbonata*,

La *terebratula semi-globosa*,

Des opercules de janira,

Un coprolite.

A l'ouest, près des Planches, et le long de la ligne du chemin de fer, nous rencontrons des marnes diluviennes de carbonate de chaux à grains ténus d'une pureté remarquable ; elles ont formé leurs dépôts sur les sables verts de cette contrée.

Le surplus du territoire, au nord et à l'ouest, doit sa formation à la craie tufeau.

A l'ouest, en sortant de Dommartin, on rencontre sur le sommet d'une colline qui borde la route nationale de Paris à Metz :

La *rhynchonella cuvieri* (où elle est commune),

La *terebratulina gracilis*.

XI

Dommartin-sous-Hans.

Au nord-ouest, à 10 kil. de Ste-Ménehould ; bâti sur la craie tufeau ; est arrosé par la Bionne qui traverse une faible prairie tourbeuse-marécageuse.

Au sud, on remarque le mont Yvron, le point le plus élevé de ces contrées, à 208 mètres du niveau de la mer. Sur le sommet, on voit encore d'anciennes redoutes.

Altitude : 145.
Population : 106 habitants.
Etendue du territoire : 648 hectares.

Il est borné :
Au nord, par le territoire de Courtémont;
Au nord-est, par le territoire de la Neuville-au-Pont ;
A l'ouest et sud-ouest, par le territoire de Hans ;
Au sud, par le territoire de Valmy;
Au sud-est, par le territoire de Braux-Ste-Cohière, sur lequel il se termine en pointe ;
A l'est, par le territoire de Maffrécourt.

FORMATION GÉOLOGIQUE

Au nord-est, on rencontre dans le fond d'une vallée quelques apparences de sables verts.

A l'extrémité est, sur le talus d'un chemin,

entre Courtémont et Maffrécourt, au point indiqué sur la carte cantonale (Orme), j'ai recueilli :

L'*Inoceramus problematicus*, où il est abondant.

Le *Discoïdea minima*, parfaitement conservé.

La *Terebratulina gracilis*, en très petite quantité.

La *Terebratulina campaniensis*   id.

Articulations d'astéries.

C'est le seul endroit où j'ai pu jusque-là découvrir le *Discoïdea minima*, muni des plaques qui ferment le périprocte. (Ce sujet est très rare).

(Voir la *Paléontologie française*, Echinides, Cotteau, page 34) :

« Dans un exemplaire que nous avons sous
« les yeux, celui-là même qui a servi de type à
« M. Agassiz, lorsqu'il a établi cette espèce, les
« plaques qui ferment le périprocte sont conser-
« vées, etc. »

A l'extrémité est, j'ai rencontré dans les atterrissements qui recouvrent la craie tufeau, un énorme grès, semblable à ceux que l'on découvre dans les forêts de Ste-Ménehould.

XII

Elize.

Au sud, à 6 kil. de Ste-Ménehould ; est bâti sur le versant d'une colline de marnes crayeuses recouvrant la gaize et les sables verts supérieurs.

A l'extrémité sud-ouest, existe un mamelon appelé la côte de Châtillon, à 203 mètres du niveau de la mer.

A l'ouest on remarque un étang spacieux qui porte le nom du pays.

Il a pour écarts :

Les fermes de Grigny, de Beaulieu et les trois fermes de Montceltz.

Altitude : 175, 180.

Population : 144 habitants.

Etendue du territoire : 1,191 hectares.

Il est borné :

Au nord, par le territoire d'Argers ;

Au nord-est, par le territoire de Verrières ;

Au nord-ouest, par le territoire de Dampierre-sur-Auve ;

A l'ouest, par le territoire de Voilemont ;

Au sud-ouest, par le canton de Dommartin-sur-Yèvre ; c'est à cette limite que l'on remarque la côte de Châtillon ;

Au sud, par le territoire de Braux-St-Remy ;

Au sud-est, par le territoire de Daucourt ;

A l'est, par le territoire de Châtrices.

FORMATION GÉOLOGIQUE

A l'ouest, sur le versant d'une colline de gaize et dans le fond de la vallée de l'étang d'Elize, les sables verts apparaissent à nu, mêlés de nodules très fins ; leur puissance est telle que la digue de l'étang a dû être construite en maçonnerie.

En remontant vers le nord, ces sables, qui se continuent sur Argers, sont recouverts d'une couche de nodules très riche, activement fouillée pour servir d'engrais.

J'ai recueilli dans les phosphates de cette contrée :

Le *pecten asper* ;

L'*ostrea carinata*, où ils sont communs;

Plusieurs fruits ;

Des fragments de bois fossiles, me paraissant appartenir à la famille du noyer ; quelques-uns sont perforés par les tarets.

A l'est, au nord-ouest, à l'ouest, au sud-ouest et au sud, près d'Elize, les sables verts sont recouverts par les marnes crayeuses.

J'y ai recueilli :

La *terebratula semi-globosa* ;

La *serpulea vermicularia*.

A l'extrémité nord-est, à l'est et sud-est, la gaize est recouverte par le diluvion. Cette contrée, qui présente de vastes plateaux, est en majeure partie occupée par des atterrissements argilo-sableux très puissants et très estimés.

Sur les talus sud-ouest et ouest de la côte de

Châtillon, la *terebratulina gracilis* y est très commune.

J'ai également recueilli : un échinoïde (*spataugus*) de mauvaise conservation ; un échinide de petite taille, qui doit appartenir à la famille des *peilates* ou des *salenia*.

XIII

Florent.

Au nord-nord-est, à 7 kil. de Ste-Ménehould;
est bâti sur le sommet d'une montagne de gaize,
entouré de forêts.

Il a pour écart l'ancien moulin.

Altitude : 235.

Population : 758 habitants.

Etendue du territoire : 1,223 hectares.

Il est borné :

Au nord, par le canton de Ville-sur-Tourbe;

A l'ouest, par le territoire de Moiremont;

Au sud et sud-est par le territoire de Ste-
Ménehould ;

A l'est, par le canal de Biesme, à 2 kil., qui
sépare le territoire du département de la Meuse.

FORMATION GÉOLOGIQUE

A l'extrémité est de Florent, dans la vallée de
la Biesme, au pied de la gaize, apparaissent les
argiles du gault, qui sont la continuation de
celles de la Vignette.

Au-delà du canal de Biesme (au Claon,
Meuse), ces argiles sont utilisés pour la fabrication de la tuile et de la brique.

Le surplus du territoire très accidenté est totalement occupé par le puissant étage de la gaize,
qui, en cet endroit, accuse une puissance de 85
mètres.

La gaize de cette contrée n'étant recouverte que de faibles atterrissements argilo-sableux, n'offre d'autres ressources que la plantation du bois ; on voit du reste d'immenses forêts qui couvrent ce territoire.

A l'ouest et au sud, existent des carrières très estimées pour les constructions ; elles ont les mêmes propriétés que celles dites verlancier, dont j'ai parlé dans la formation géologique de Ste-Ménehould. (Voir gaize dite verlancier, page 44)

XIV

Gizaucourt.

Au sud-ouest, à 13 kil. de Ste-Ménehould ; est situé dans le fond d'une vallée, entre deux collines de craie tufeau qui dominent le village.

Il est arrosé par l'Auve, qui fait tourner un moulin.

A l'extrémité nord-est, près Orbeval, coule le ruisseau de la Mare, qui prend sa source sur Valmy, traverse une prairie tourbeuse-marécageuse pour affluer dans l'Auve à la ferme de Maupertuis.

Ecart : la ferme du Vieil-Orbeval.

Altitude : 146.

Population : 296 habitants.

Etendue du territoire : 779 hectares.

Il est borné :

Au nord, nord-est et à l'ouest, par le territoire de Valmy ;

Au sud et sud-ouest, par le territoire de la Chapelle-Felcourt ;

Au sud et à l'est, par le territoire de Voilemont.

FORMATION GÉOLOGIQUE

La craie tufeau est le seul étage que l'on rencontre sur ce territoire.

A mi-chemin, sur le talus rive droite de la route qui conduit d'Orbeval à Gizaucourt, j'ai rencontré : la *terebratulina gracilis* ;

Sur la rive gauche, à un niveau moins élevé, le *glyphocyphus radiatus*.

Dans une carrière, au sud près du village, les *inocerames* sont assez communs.

A l'ouest, sur le talus d'un chemin de traverse non loin du village, la *terebratulina gracilis* y est abondante.

Sur le sommet d'une colline à 1 kil. ouest, j'ai rencontré à la surface du sol des fragments de poudingue, composés de calcaires crayeux, agglutinés par une cristallisation de carbonate de chaux.

Ces conglomérations, dont le volume varie, ont une grande ténacité.

XV

Hans ou Hans-le-Grand.

A l'ouest, à 13 kil. de Ste-Ménehould ; est bâti à l'extrémité d'une prairie tourbeuse-marécageuse, traversée par le ruisseau de Hans, qui après avoir fait tourner un moulin afflue à peu de distance dans la Bionne.

Il a pour écarts : deux maisons importantes à 1 kil. Proche Hans, au sud-est, on remarque le mont d'Armont, à 188 mètres du niveau de la mer ; à l'est le mont Yvron, à 208 mètres.

Altitude : 148.

Population : 383 habitants.

Etendue du territoire : ,950 hectares.

Il est borné :

Au nord et nord-est, par le territoire de Courtémont ;

Au nord-nord-ouest et à l'ouest, par le territoire de St-Jean-sur-Tourbe ;

Au sud-est, par le territoire de Somme-Tourbe ;

Au sud, par le territoire de Somme-Bionne ;

Au sud et sud-est par le territoire de Valmy ;

A l'est, par les territoires de Valmy et Dommartin-sous-Hans.

FORMATION GÉOLOGIQUE

Il est difficile de se procurer des fossiles dans cette contrée, de façon à en déterminer le terrain ; j'ai cependant recueilli sur le versant ouest du mont d'Armont, la *terebratulina gracilis*, des radioles d'échinides.

Au nord-ouest et sud-ouest, la craie blanche commence à apparaître sur une faible partie du territoire, on y rencontre des alluvions de limon rouge, de graviers crayeux à grains ténus.

XVI

La Chapelle-Felcourt.

A l'extrémité sud-ouest, à 19 kil. de Ste-Ménehould ; est séparé de Felcourt par l'Auve, qui arrose une prairie tourbeuse-marécageuse et entretient trois étangs :

1° Celui de la Chapelle.
2° Celui de Sonrupt.
3° Celui de la Croix.

Altitude :

La Chapelle : 165, 170.
Felcourt : 155.
Ecart : une maison de cantonier.
Population : 128 habitants.
Etendue du territoire : 959 hectares.

Il est borné :

Au nord et nord-ouest, par le territoire de Valmy ;

Au sud et sud-ouest, par le canton de Dommartin-sur-Yèvre ;

Au sud-est, par le territoire de Voilemont ;

Au nord-est et à l'est par le territoire de Gizaucourt.

FORMATION GÉOLOGIQUE

Au nord de la Chapelle, proche l'étang de Sonrupt, j'ai recueilli :

L'*echinocyphus difficilis;*
La *terebratula globosa;*
Une dent de *pycnodus?*

La *terebratulina gracilis* ;

La *terebratulina campaniensis*, de magnifiques débris de pentacrine.

A l'est de Felcourt, sur la route qui conduit à
Gizaucourt :

La *terebratulina gracilis* ;

La *terebratulina campaniensis* ;

Des *inocérames* :

La *terebratula globosa*.

Au sud, sud-est et à l'ouest, la craie blanche
occupe le surplus du territoire.

XVII

La Croix-en-Champagne.

A l'ouest, sud-ouest, à l'extrémité du canton, à 19 kil. de Ste-Ménehould ; est bâti sur une colline élevée de craie blanche, à environ 55 mètres du niveau de l'Auve.

En cet endroit on domine une plaine d'un aspect presque uniforme.

Altitude : 206, 210.

Population : 144 habitants.

Etendue du territoire : 1,663 hectares.

Il est borné :

Au nord et nord-ouest, par le territoire de Somme-Tourbe ;

A l'ouest et au sud, par le canton de Dommartin-sur-Yèvre ;

Au sud-est, par le territoire de Valmy ;

A l'est, par le territoire de Somme-Bionne.

FORMATION GÉOLOGIQUE

Je n'ai pu me procurer aucun fossile sur ce territoire, qui est totalement occupé par la craie blanche.

Au sud et à l'ouest, elle est recouverte d'alluvions de limon rouge, de graviers crayeux.

Sur plusieurs points, à l'est, au nord et à l'ouest, cet étage est totalement nu, n'offrant d'autres ressources que la plantation des sapins.

XVIII

La Neuville-au-Pont.

Au nord, à 6 kil. de Ste-Ménehould ; est situé sur l'Aisne, dans une vallée encadrée par de vastes collines de gaize ; au sud-ouest près du village, le ruisseau St-Nicolas vient affluer dans l'Aisne.

Il a pour écarts :

Le moulin de la Neuville-au-Pont, les fermes de Pont à l'Ile de Voyon, le moulin du Moulinet sur le ruisseau St-Nicolas, la briqueterie du Souniat, les fermes de Venise, Belvue et Naviaux.

Altitude : 135 ,140, 150.

Population : 1,145 habitants.

Etendue du territoire : 1,511 hectares.

Il est borné :

Au nord, par le canton de Ville-sur-Tourbe ;

Au nord-ouest, par les territoires de Courté-mont et Dommartin-sous-Hans ;

Au sud-ouest, par le territoire de Maffrécourt ;

Au sud et sud-est, par le territoire de Chaude-Fontaine.

A l'est et au nord-est par le territoire de Moiremont.

FORMATION GÉOLOGIQUE

La majeure partie du territoire de la Neuville-au-Pont, au nord, à l'est et au sud, constitue un vaste massif de gaize, formant de ravissantes collines en plan très incliné, n'offrant d'autres ressources que la plantation de la vigne.

A l'ouest, les sables verts occupent le versant d'une colline de gaize, où les nodules apparaissent à la surface ; ils s'étendent du sud à l'ouest sur Maffrécourt et Dommartin-sous-Hans ; on y rencontre l'*ostrea carinata* et divers fossiles à l'état de moule.

Ces sables sont immédiatement recouverts par les marnes crayeuses, qui, au nord-ouest, sont également superposées à la gaize, à peu de distance de la splendide colline dite Côte-à-Vigne.

Au nord-est, entre la Neuville-au-Pont et Moiremont, on rencontre de puissants dépôts diluviens, composés de cailloux roulés calcaire portlandien, de gaize, de carbonate de chaux et sables quartzeux ; d'autres qui sont à l'état de marne carbonate de chaux presque pur ; ces derniers sont estimés pour le marnage des terres de cette contrée.

Il existe aussi d'autres dépôts totalement siliceux, additionnés, mais en très petite quantité, de cailloux galets portlandiens et de gaize.

Ces sables, très estimés pour les mortiers de constructions, déposés en lits irréguliers, ont des teintes qui varient du gris au jaune, au rouge et blanc sale.

Tous ces dépôts, en majeure partie recouverts d'atterrissements argilo-sableux, apparaissent aussi à nu dans certaines contrées.

Au sud-est, au Souniat, les atterrissements plus puissants reposent sur la gaize ; là leur plasticité permet de les utiliser pour la fabrication de la brique qui a la propriété d'être réfractaire.

Cette usine produit en moyenne 500,000 briques.

J'ai rencontré dans la gaize de la Neuville-au-Pont plusieurs fossiles qui figurent sur l'atlas de l'arrondissement :

Ammonites varians.
Turulite bergeri.
Trigonia srenulata.
Moule de pecten.
Crasatella regularis.
Branches de polypiers.
Polypier.
Solarium ornatum.

XIX

Laval.

A l'extrémité nord-ouest, à 19 kil. de Ste-Ménehould ; bâti dans une vallée entre deux collines de craie blanche ; est arrosé par la Tourbe.

Altitude : 145.

Population : 156 habitants.

Etendue du territoire : 1,458 hectares.

Il est borné :

Au nord et nord-est, par le canton de Ville-sur-Tourbe ;

Au nord-ouest, par le territoire de Somme Suippe ;

Au sud, sud-ouest, sud-est et est, par le territoire de St-Jean-sur-Tourbe ;

Au nord—est, par une faible partie du territoire de Courtémont.

FORMATION GÉOLOGIQUE

La craie blanche est le seul étage qui soit apparent sur ce territoire.

Au nord, près du village, existent des alluvions de limon rouge de graviers crayeux ; elles sont utilisées pour la confection des carreaux de terre.

XX

Maffrécourt.

Au nord–ouest, à 7 kil. de Ste-Ménehould ; est bâti sur une petite colline de craie marneuse, où le ruisseau St-Nicolas prend sa source.

Il a pour écart : la ferme d'Effrain.

Altitude : 145, 150, 160.

Population : 138 habitants.

Etendue du territoire : 673 hectares.

Il est borné :

Au nord, par les territoires de la Neuville-au-Pont et Dommartin-sous-Hans ;

Au sud, par les territoires de Braux–Ste-Cohière et Chaude-Fontaine ;

A l'est, par les territoires de Chaude-Fontaine et de la Neuville–au-Pont ;

A l'ouest, par les territoires de Dommartin-sous-Hans et Braux-Ste-Cohière.

FORMATION GÉOLOGIQUE

Au nord-est, la gaize et les sables verts que nous rencontrons sur la Neuville-au-Pont, diminuent rapidement d'épaisseur dans le fond d'une vallée où ils sont immédiatement recouverts par les marnes crayeuses.

A l'est, entre Chaude-Fontaine et Maffrécourt, la gaize est également apparente.

Le surplus du territoire, à l'ouest, au sud et

sud-est, est occupé par le cénomanien supérieur et la craie tufeau.

Au sud, dans une carrière, j'ai recueilli la *terebratulina campaniensis,* où elle me paraît être rare.

XXI

Moiremont.

Au nord, à 5 kil. de Ste-Ménehould ; bâti au revers de deux côtes escarpées (gaize), à 1500 mètres de l'Aisne ; arrosé par le ruisseau du Moiremont ; est traversé par le chemin de grande communication de Ste-Ménehould à Vouziers.

Il a pour écarts :

La ferme d'Hution, près du Vallage, et le moulin de Chauvrieulle à 2,500 mètres, sur l'Aisne.

Dans la forêt des Petits-Batis (territoire de Moiremont) existaient autrefois neuf étangs, aujourd'hui en à sec.

Altitude : 155, 160, 170, 175.

Population : 506 habitants.

Etendue du territoire : 1,704 hectares.

Il est borné :

Au nord, par le canton de Ville-sur-Tourbe ;

Au nord-ouest et à l'ouest, par le territoire de la Neuville-au-Pont ;

Au sud-ouest, par le territoire de Chaude-Fontaine ;

Au sud, par le territoire de Ste-Ménehould ;

A l'est et nord-est, par le territoire de Florent.

FORMATION GÉOLOGIQUE

Ce territoire est occupé par le puissant massif de gaize, se continuant au nord, sur Vienne-la-Ville et Vienne-le-Château (canton de Ville-sur-Tourbe).

Ses magnifiques plateaux sont recouverts au sud par le diluvien. Ce sont ces mêmes alluvions de la vallée de l'Aisne qui se relient à celles de la Neuville-au-Pont.

Les unes, essentiellement marneuses (voir engrais minéraux, dépôts diluviens, page 136), sont utilisées pour l'amendement des terres; d'autres, composées de cailloux roulés calcaire portlandien, de gaize et sables fins quartzeux, peuvent être employées comme pierres pour l'entretien des chemins, et comme sables pour la confection des mortiers pour constructions. (Voir la Neuville-au-Pont, page 189.)

On rencontre dans les alluvions de cette contrée quelques polypiers roulés, des fragments d'os de mammouth.

La gaize et le diluvien sont recouverts par de puissants atterrissements argilo-sableux, sauf le versant de quelques collines qui, comme partout ailleurs, présentent la gaize à nu.

XXII

Passavant.

A l'extrémité sud-sud-est, à 14 kilomètres de Sainte-Ménehould ; traversé par la route de grande communication de Sainte-Ménehould à Belval ; est bâti en grande partie sur le versant d'une colline de gaize ; le surplus repose sur les argiles du gault.

Il est arrosé au nord par le ruisseau du Pâquis ; au sud, par celui de Maurupt, prenant tous deux leur source au pied des collines de la gaize, et viennent affluer dans l'Aisne, au Pont-aux-Vendanges.

Il a pour écarts : les fermes du Pont-aux-Vendanges et de Mondésir.

Altitude : 150, 263.

Population : 907 habitants.

Etendue du territoire : 708 hectares.

Il est borné :

A l'est, au nord et nord-ouest, par le département de la Meuse ;

A l'ouest, par le territoire de Villers-en-Argonne ;

Au sud-sud-ouest et sud-est, par les territoires de Le Chemin et Eclaires, canton de Dommartin-sur-Yèvre.

FORMATION GÉOLOGIQUE

Au pied de la gaize, on rencontre dans les vallées du Pâquis et de Maurupt un puissant dépôt d'argiles appartenant au gault, se développant au sud sur le chemin et au sud-est vers Eclaires.

Ces argiles, très-plastiques, dont il est difficile de déterminer l'épaisseur, ont une grande analogie avec celles de la Vignette ; elles en diffèrent cependant par la couleur et la plus grande quantité de carbonate de chaux qu'elles contiennent.

(Voir les dosages, page 23).

J'ai rencontré dans cet étage :

L'*ammonites lautus*,
    id.   *bicurvatus*,
    id.   *splendeus*,
Solarium ornatum,
Une turulite,
Un gastéropode,
L'*ostrea carinata*.

Plusieurs bivalves rencontrés dans le gault de la Vignette.

(Voir la première partie, argile du gault. Différence des argiles, page 22).

Dans le fond de la vallée de Maurupt, il m'a été possible d'apprécier ces argiles.

J'ai remarqué que les cristaux de gypse (carbonate de chaux) abondent dans le gault de cette contrée, je les ai trouvés groupés en nodules par une masse jaunâtre, occupant la partie supérieure sur une profondeur de 2 mètres.

Vient ensuite une argile plus foncée, veinée de carbonate de chaux cristallisé dont l'épaisseur varie, reposant sur un banc compact de sables ayant une épaisseur de 0^m25 à 0^m30 centimètres. Au-dessous le gault se continue.

Ces argiles alimentent treize tuileries.

Les produits du gault de Passavant demandent une cuisson d'un gris-jaunâtre-verdâtre, afin de pouvoir résister aux intempéries ; dans cette circonstance ils perdent souvent leurs formes premières.

Ces usines fabriquent chaque année :

3,600,000 tuiles courbes,
4 à 500,000 briques,
1,000,000 de drains.

Le surplus du territoire, de l'est au nord, présente des collines escarpées qui doivent leur formation à l'étage de la gaize.

Les versants, presque toujours nus, n'offrent d'autres ressources que la plantation du bois et de la vigne.

Les plateaux, recouverts d'atterrissements généralement maigres, fuyant très-facilement, sont occupés par la forêt.

Les briqueteries utilisent la gaize pour la construction de leurs fours.

(Voir la première partie. Utilité de la gaize, page 36).

Les collines en regard de Passavant sont plantées de vignes ; on remarque à la base des éboulements et atterrissements causés par les eaux pluviales.

J'ai recueilli dans la gaize à Passavant :

L'*ammonites navicularis*,
id.   *varians*,
L'*hamites armatus*,
Le *solarium ornatum*.

XXIII

Saint-Jean-sur-Tourbe.

Au nord-ouest, à 19 kilomètres de Sainte-Ménehould ; est bâti sur le versant d'une colline de craie blanche, à proximité de la Tourbe qui arrose une prairie peu importante.

Il possède deux moulins à eau :

Celui de Saint-Jean,

Celui de La Salle (écart) ;

Deux moulins à vent :

Un près du village,

L'autre près de La Salle.

Il a pour écart : le hameau de La Salle.

Altitude :

Saint-Jean-sur-Tourbe : 150, 155, 160.

La Salle : 145.

Population : 282 habitants.

Etendue du territoire : 1,702 hectares.

Il est borné :

Au nord et nord-ouest, par le territoire de Laval ;

A l'ouest, par le territoire de Somme-Suippe ;

Au sud et sud-ouest, par le territoire de Somme-Tourbe ;

A l'est et nord-est, par le territoire de Hans.

FORMATION GÉOLOGIQUE

La craie blanche est le seul étage que l'on rencontre sur ce territoire.

A l'ouest près du village, ainsi qu'à La Salle, on remarque des alluvions de limon rouge, de graviers crayeux ; ils sont utilisés pour la confection des moellons dits carreaux de terre.

XXIV

Somme-Bionne.

A l'ouest, à 15 kilomètres de Sainte-Ménehould, traversé par la route départementale de Reims à Sainte-Ménehould ; est situé dans un vallon de craie tufeau et de craie blanche, sur la Bionne, qui prend sa source au sud-ouest à 700 mètres environ du village, au pied d'une colline traversée par la ligne de Reims à Sainte-Ménehould.

Ecart : Station du chemin de fer.

Altitude : 160, 165.

Population : **152** habitants.

Etendue du territoire : 921 hectares.

Il est borné :

Au nord et nord-est, par le territoire de Hans ;

A l'ouest, par le territoire de Somme-Tourbe ;

Au sud et sud-ouest, par le territoire de la Croix-en-Champagne ;

Au sud et sud-est, par le territoire de Valmy.

FORMATION GÉOLOGIQUE

A l'est, j'ai recueilli sur le talus, rive droite de la route départementale de Reims à Sainte-Ménehould, près la rivière de la Bionne :

La *terebratulina gracilis,*
Des articulations d'astéries,

Un foraminifère, que je crois être le *flabellaria rugosa*,
Diverses *ostrea*.

Dans une carrière près du village :

Le *micraster breviporus*, caractérisant la craie blanche, qui occupe le surplus du territoire à l'ouest, sud-ouest et nord-ouest.

XXV

Somme-Suippe.

A l'extrémité ouest, à 25 kilomètres de Sainte-Ménehould; bâti dans un petit vallon de craie blanche; est traversé par la route départementale de Sainte-Ménehould à Reims.

La Suippe qui prend sa source près de l'église, immédiatement grossie par plusieurs sources provenant du village, arrose une petite prairie tourbeuse-marécageuse; cette rivière afflue dans l'Aisne à Condé-sur-Suippe.

Au sud, à proximité du village, est une briqueterie.

Altitude : 145.

Population : 797 habitants.

Etendue du territoire : 3,151 hectares.

Il est borné :

Au nord, par le canton de Ville-sur-Tourbe;

Au nord-ouest et à l'ouest, par le canton de Suippes ;

Au sud, par le canton de Dommartin-sur-Yèvre ;

Au sud-est, par le territoire de Somme-Tourbe ;

A l'est, par le territoire de Saint-Jean-sur-Tourbe ;

Au nord-est, par le territoire de Laval.

FORMATION GÉOLOGIQUE

La craie blanche occupe toute l'étendue du territoire. Au sud, sud-ouest et à l'est, elle est recouverte par de puissants dépôts d'alluvions anciennes, de limon rouge, de graviers crayeux, qui par leur composition diffèrent de ceux que nous rencontrons sur la gaize et les sables verts supérieurs.

Ces alluvions sont utilisées pour la fabrication de la brique, la partie graveleuse est employée pour la confection de moellons.

(Voir première partie, terrain diluvien ; alluvions de limon rouge, graviers crayeux, page 94).

Au nord, entre la forêt de Somme-Suippe et le village, on rencontre par filons fractionnés dans les excavations de la craie blanche, des sables fins quartzeux ; bien qu'ils soient additionnés de légers fragments de carbonate de chaux, leur pureté n'en est pas moins remarquable, ils varient du blanc sale au jaune.

En examinant attentivement ces sables, on distingue de petites paillettes brillantes qui ne peuvent être autre chose que du mica.

Ces veines sableuses prennent une direction de l'est à l'ouest.

(Voir la première partie : Sables quartzeux de la craie blanche, page 97).

Sur une grande partie du territoire, la craie apparaît nue ou recouverte d'une légère couche diluvienne, n'offrant d'autres ressources que la plantation du sapin. On remarque du reste au nord une forêt de 636 hectares.

On rencontre également des alluvions semi-argileuses de couleur oxydée ; la couche a peu d'épaisseur.

La craie de Somme-Suippe est utilisée pour les constructions, elle sert aussi à la fabrication des mottes dites blanc d'Espagne ; les produits s'élèvent de 40 à 59,000.

XXVI

Somme-Tourbe.

A l'ouest, à 18 kilomètres de Sainte-Méne-hould ; bâti sur une colline de craie blanche ; est traversé par la route départementale de Reims à Sainte-Ménehould ; c'est au pied de cette colline, dans le village, que la Tourbe prend sa source.

Écarts : station du chemin de fer, et une auberge.

Altitude : 155, 160.

Population : 241 habitants.

Étendue du territoire : 1,946 hectares.

Il est borné :

Au nord et nord-ouest, par le territoire de Saint-Jean-sur-Tourbe ;

A l'ouest, par le territoire de Somme-Suippe ;

Au sud, par le territoire de la Croix-en-Champagne ;

A l'est, par le territoire de Somme-Bionne.

FORMATION GÉOLOGIQUE

La craie blanche est le seul étage qui soit apparent sur ce territoire.

Plusieurs carrières ont été ouvertes pour l'extraction de la craie ; c'est dans l'une d'elles, près de la gare, que j'ai rencontré des fossiles qui caractérisent cette formation.

Ce sont :

Le *micraster breviporus*,

La *terebratula globosa*.

Ce dernier est souvent à l'état pyriteux.

Cette carrière, de six à sept mètres de profondeur, présente une stratification des plus irrégulières, elle est oblique, perpendiculaire, offrant des blocs concassés.

La partie supérieure est recouverte par des atterrissements rouges ; vient ensuite une agglomération concassée, reposant sur la masse compacte, variant de 0m40 à 0m50 centimètres.

Les nodules pyriteux y sont communément rencontrés ; ils affectent des formes différentes très-curieuses.

La craie est recouverte en plusieurs endroits d'atterrissements argilo-sableux de faible épaisseur ; j'en ai remarqué de plus puissants sur la ligne de Reims à Sainte-Ménehould, entre Somme-Bionne et Somme-Tourbe, ils consistent en diverses ondulations.

(Voir la première partie : Craie blanche, Atterrissements, page 77).

La vallée arrosée par la Tourbe recèle des alluvions amenées des collines voisines par les eaux pluviales. Le sol tourbeux n'apparaît que dans le canton de Ville-sur-Tourbe.

(Voir craie blanche ; alluvions des vallées, page 78).

XXVII

Valmy.

A l'ouest, à 10 kilomètres de Sainte-Ménehould; est bâti moitié sur le versant d'une colline de craie tufeau, l'autre dans la vallée; il est traversé par la route départementale de Reims à Sainte-Ménehould.

Le ruisseau de Valmy prend sa source à l'ouest, près du village.

Il a pour écarts :

Le hameau d'Orbeval, les fermes de Maigneux et de la Garenne, la Chayonnerie, la station du chemin de fer et deux fours à chaux à 1 kilom.

Altitude :
Valmy : 165, 170, 175.
Orbeval : 155.
Population : 405 habitants.
Etendue du territoire : 2,440 hectares.

Il est borné :

Au nord, par le territoire de Dommartin-sous-Hans, sur lequel il termine en pointe ;
Au nord-ouest, par le territoire de Hans ;
A l'ouest, par le territoire de Somme-Bionne ;
Au sud-ouest, par le canton de Dommartin-sur-Yèvre ;
Au sud, par le territoire de La Chapelle ;
Au sud-est, par le territoire de Gizaucourt ;

A l'est, par les territoires de Dampierre-sur-Auve et Dommartin-la-Planchette ;

Au nord-est, par le territoire de Braux-Sainte-Cohière.

FORMATION GÉOLOGIQUE

Au nord, à l'est et au sud, Valmy doit sa formation à la craie tufeau, le surplus à l'ouest est occupé par la craie blanche.

J'ai recueilli à mi-chemin, sur le talus de la route qui conduit de Valmy à Orbeval : la *rhynchonella cuvieri*, l'*echinocyphus difficilis*, des *terebratules*, un *foraminifère*, des polypiers de la famille du *cariophilia*, des dents et vertèbres de poissons, des *discoïdea minima* et articulations d'astéries.

Puis près de la gare : la *terebratulina gracilis campaniensis*, le *discoïdea minima*.

Non loin de la gare existent deux fours à chaux qui tirent leurs produits d'une colline toute voisine ; on rencontre dans ce calcaire crayeux des *inocerames* en assez grande quantité, qui, je le crois, sont le *problematicus*, et le *cuneiformis*.

La stratification de ce tuf est des plus irrégulières ; elle est quelquefois ondulée, mais plus souvent oblique, perpendiculaire, offrant des blocs concassés.

Au sud, dans les environs de la station du chemin de fer, on rencontre des alluvions de limon rouge de graviers crayeux.

Au nord, près du mont Yvron, j'ai recueilli : la *terebratulina gracilis*, des articulations d'astéries, un fragment de pentacrine, des foraminifères, une dent de poisson.

J'ai remarqué qu'aux alluvions crayeuses de cette contrée sont joints des cailloux roulés (calcaire portlandien) semblables à ceux que nous rencontrons dans le diluvien qui recouvre la gaize; ils existent en moins grande quantité

XXVIII

Verrières.

Au sud, à 3 kilomètres de Sainte-Menehould ; bâti sur le versant d'une colline de gaize et dans le fond d'une vallée ; est traversé par le ruisseau de Gibermaye, affluent de l'Aisne. La route de grande communication de Sainte-Menehould à Belval passe à l'ouest dans une faible partie du village.

Il est arrosé au sud-est et au nord-ouest par la rivière d'Aisne, qui serpente dans une magnifique prairie encadrée par des collines abruptes de gaize ; au sud, par l'Ante, affluent de l'Aisne, qui sépare le territoire de Verrières de celui de Châtrices.

Verrières possède deux moulins sur l'Aisne :

Le moulin de Haut,

Le moulin de Bas.

Altitude : 145, 150, 155.

Population : 742 habitants.

Etendue du territoire : 580 hectares.

Il est borné :

Au nord et nord-ouest, au nord-est et à l'est, par le territoire de Sainte-Menehould ;

A l'ouest, par les territoires d'Argers et Elize ;

Au sud et sud-est, par le territoire de Châtrices.

FORMATION GÉOLOGIQUE

Le territoire de Verrières est totalement

occupé par l'étage de la gaize, qui présente un sol accidenté : les collines qui bordent l'Aisne et l'Ante nous offrent la gaize à nu.

La côte du moulin de Bas, assez fossilifère, m'a permis d'y recueillir plusieurs sujets assez bien conservés :

L'*hamites armatus, turulites bergeri,*
L'*ammonites varians,*
De beaux débris de l'*ammonites inflatus,*
Le *pecten orbicularis, pholadomya sancti florantini,*
Pleurotomaria.

Les sommets et versants, qui forment la rive gauche de l'Aisne, sont alternativement recouverts d'alluvions anciennes, de cailloux roulés (calcaire portlandien), de gaize et graviers crayeux.

Sur plusieurs points, la gaize et le diluvien sont recouverts d'atterrissements argilo-sableux : quelques uns peuvent être utilisés pour la fabrication de la brique.

XXIX

Villers-en-Argonne.

Au sud-est, à 9 kilomètres de Sainte-Méne-hould ; bâti sur le sommet d'une colline qui domine la vallée de l'Aisne ; est traversé par la route de grande communication n° 15, de Sainte-Ménehould à Belval. Il est arrosé par l'Aisne et une dérivation qui fait tourner un moulin.

A l'ouest, l'Ante côtoie une faible partie du territoire.

Ecart : La cense Brissier (ferme).

Altitude : 165, 170, 180.

Population : 184 habitants.

Etendue du territoire : 889 hectares.

Il est borné :

Du nord au nord-nord-est, par le territoire et la forêt de Châtrices ;

A l'ouest et sud-ouest, par le territoire de Châtrices ;

Au sud et sud-est, par le canton de Dommartin-sur-Yèvre ;

A l'est, par le territoire de Passavant et la forêt de Beaulieu (Meuse).

FORMATION GÉOLOGIQUE

Le territoire de Villers-en-Argonne est totalement occupé par l'étage de la gaize.

Entre la partie supérieure et les gaizes avoisinantes il n'existe aucune différence, tandis qu'à une profondeur de 10 à 12 mètres, on rencontre une gaize noir-ardoise, ainsi que je l'ai constaté dans la côte du moulin de Villers.

Au sud et sud-ouest, sur les sommets et versants de la vallée de l'Ante, le diluvien repose sur la gaize où il est souvent à nu.

On le voit aussi à l'est, rive gauche de l'Aisne, mais moins puissant.

A l'extrémité du territoire, sur les plateaux sud-est, on rencontre de puissants atterrissements argilo-sableux, reposant sur la gaize ; ils ont autrefois servi à la fabrication de la brique ainsi que l'attestent des débris de terre cuite.

Sur le sommet sud-ouest, ils recouvrent le diluvien, et me paraissent assez plastiques pour la fabrication de la brique

Il en est d'autres de chétive apparence, fuyant très-facilement ; et dont la plantation seule peut tirer parti. On y rencontre quelques *armorphozoaires*.

En général, la plupart des versants des collines présentent la gaize nue.

J'y ai recueilli :

L'*ammonites varians*.

XXX

Voilemont.

A l'extrémité sud-ouest, à 12 kilomètres de Sainte-Ménehould, bâti sur le versant d'une montagne de craie tufeau, est arrosé par l'Yèvre qui traverse une prairie marécageuse.

Cette rivière grossit l'Auve à la ferme de Maupertuis.

Écarts : les fermes de Maupertuis, Monjouy et une partie de Plagnicourt.

Altitude : 150, 160, 170.

Population : 150 habitants.

Étendue du territoire : 581 hectares.

Il est borné :

Au nord, par le territoire de Gizaucourt ;

Au nord-est, par le territoire de Dampierre-sur-Auve ;

Au sud, par le territoire de Rapsecourt (canton de Dommartin-sur-Yèvre) ;

Au sud-ouest, par le territoire de la Chapelle-Felcourt ;

Au sud-est, par le territoire d'Elize.

FORMATION GÉOLOGIQUE

La majeure partie du territoire de Voilemont doit sa formation à l'étage turonien.

A l'extrémité ouest, la craie blanche commence à apparaître.

Au sud, sur le talus de la colline en face de la ferme de Monjouy, j'ai recueilli :

La *terebratulina gracilis* et *campaniensis*.

Des fragments d'échinides, articulations d'astéries.

Il existe, dans le village, des alluvions de limon rouge assez puissants ; elles sont utilisées pour la fabrication des moellons dits carreaux de terre.

Entre Voilemont et la ferme de Plagnicourt, dans une contrée dite la Chapelle-de-Fer, le terrain y est marécageux ; j'ai rencontré à 0^m50 centimètres de profondeur un dépôt de carbonate de chaux à l'état ténu, légèrement siliceux, sans consistance, se dissolvant très-facilement dans l'eau ; à l'état sec, il se pulvérise au toucher.

CANTON DE VILLE-SUR-TOURBE

TOPOGRAPHIE

Le canton de Ville-sur-Tourbe, qui occupe le nord de l'arrondissement, est séparé au sud, sud-ouest et sud-est, de celui de Sainte-Ménehould, par une ancienne route militaire des Romains, qui autrefois reliait Reims à Verdun.

Il est formé :

De Champagne à l'ouest,

De Dormois au Nord,

De Vallage et Argonne pour le reste du canton.

Ce canton présente, principalement dans la région est, les mêmes accidents de terrain que ceux que nous rencontrons dans celui de Sainte-Ménehould ; sa configuration est presque celle d'un rectangle régulier.

Il est borné :

Au nord, nord-est et nord-ouest, par le département des Ardennes ;

Au sud, par le canton de Sainte-Ménehould ;

A l'est, par le département de la Meuse ;

A l'ouest, par le canton de Beine ;

Au sud-ouest, par le canton de Suippes.

Il confine à ces départements et à ces cantons par les communes suivantes :

Au nord, Aure, Manre, Ardeuil, Séchault, Bouconville (Ardennes) ;

Au nord-est, Autry, Condé-les-Autry, Lançon (Ardennes) ;

Au sud, Laval, Courtémont, la Neuville-au-Pont (canton de Sainte-Ménehould ;

Au sud-ouest, Jonchery-sur-Suippe, Saint-Hilaire-le-Grand (canton de Suippes) ;

Au sud-est, la Chalade (département de la Meuse) ;

A l'ouest, Saint-Souplet (canton de Beine).

Sa superficie se divise ainsi qu'il suit :

Terres labourables .	26.989	hectares.
Prés..............	1.553	id.
Bois et forêts.......	7.584	id.
Vignes	14	id.
Etangs	30	id.
Divers.............	2.490	id.
	38.660	hectares.

Il se compose de vingt-quatre communes, dont les noms figurent sur un tableau (pages 418 et 419).

RIVIÈRES

Il est arrosé dans la région est, du sud-est au nord-est, par une rivière principale, l'Aisne, qui a son cours sur Autry (Ardennes), grossie au sud-est par la Biesme à Saint-Thomas et la Bionne à Vienne-la-Ville ;

Au centre, par la Tourbe, qui augmente l'Aisne à l'ouest de Servon ;

Au nord, par la Dormoise, qui prend sa source à Tahure, grossissant l'Aisne entre Condé et Autry (Ardennes) ;

Au sud-ouest, par la Ain, qui prend sa source à Souain, se dirige dans le canton de Suippes, pour accroître la rivière de ce canton à Saint-Hilaire-le-Grand ;

A l'ouest, par la Py, qui prend sa source à Somme-Py, se jette dans la Suippe, à Dontrien (canton de Beine).

RUISSEAUX

Outre ces rivières, il existe plusieurs ruisseaux ; les uns prennent leur source à l'est dans la forêt de l'Argonne, les autres arrosent différentes contrées de la Champagne et de la Dormoise.

Les principaux sont :

Le ruisseau des Marotines, au sud-est, grossi par les ruisseaux des Eronies et de l'Ermelot, se jette dans l'Aisne à la limite sud-ouest du canton de Sainte-Ménehould ;

Le ruisseau de la Fontaine-aux-Charmes, se jetant dans la Biesme un peu en aval de la Harazée ;

Le ruisseau de la Fontaine-au-Mortier, grossissant la Biesme en aval du four de Paris ;

Le ruisseau de la Noue-Décusson, à l'est de Servon, qui se jette dans l'Aisne au sud-ouest de Servon ;

Le ruisseau de la Vallée-Moreau, au nord-est, se jetant dans l'Aisne à la limite séparative du canton au département des Ardennes ;

Le ruisseau des Cinq-Fontaines, à l'extrémité nord-est, sur la bordure, grossi par le ruisseau de la Fontaine-du-Gros-Charme, vient se jeter dans l'Aisne à Condé-les-Autry ;

Les ruisseaux de Poligny, de l'Homme-Mort, de Charlevaux, au nord-est, alimentent quatre étangs, déversent ensuite leurs eaux dans le ruisseau de la Pissote, qui vient se jeter dans l'Aisne, entre Autry et Lançon (Ardennes).

Tous ces ruisseaux prennent leurs sources dans la forêt des Hauts-Batis, bois communaux de Vienne-le-Château, la Gruerie, Binarville, Condé, Autry, etc.

Le ruisseau de Marson, prenant sa source au nord-est de le Mesnil-les-Hurlus, se jette dans la Tourbe entre Minaucourt et Virginy ;

Le ruisseau de la Brouille, prenant sa source à l'ouest de la colline de Montremoy, entre Malmy et Virginy, afflu dans la Tourbe au sud-est près de Ville-sur-Tourbe ;

Le ruisseau du Sugnon (que l'on pourrait désigner comme rivière) prend sa source au nord du bois de Ville, et vient se jeter dans la Dormoise à l'extrémité nord du canton ;

Le ruisseau de la Goutte, qui prend sa source au sud-est du territoire de Tahure, se jette dans la Dormoise à peu de distance de sa source ;

Le ruisseau Alain, qui prend sa source à 3 kilom. 500^m au nord-est de Somme-Py, prend sa direction dans le département des Ardennes;

Le ruisseau de Tarègle, qui prend sa source à 1 kilom. au nord de Gratreuil, se dirige dans le département des Ardennes où il grossit le ruisseau Alain, entre Manre et Ardeuil.

Le ruisseau de Fontaine, qui prend sa source à l'ouest de Fontaine-en-Dormois, se jette dans la Dormoise, à 1 kilom. de Rouvroy.

ÉTANGS

Etangs de forêt.

1º L'étang de Poligny,
2º   — · de la Petite-Forge,
3º   —   de Charlevaux,
4º   —   de l'Homme-Mort.

Etangs de plaine.

5º L'étang de Ville-sur-Tourbe,
6º Les deux petits étangs de Servon,
7º L'étang des Waques.

MOULINS A EAU

Le moulin de Vienne-la-Ville, alimenté par l'Aisne et la Bionne ;

Le moulin de Virginy, sur une dérivation de la Tourbe ;

Le moulin De Wargemoulin, sur la Tourbe ;

Le moulin de Vienne-le-Château, sur la Biesme ;

Le moulin des Guérins, sur la Biesme ;

Le moulin du Châtelet, sur la Dormoise ;

Le moulin de Cernay-en-Dormois, sur la Dormoise ;

Le moulin des Waques, sur la Ain ;

Le moulin de Somme-Py, sur la Py.

MOULINS A VENT

Le moulin à vent de Perthes,
      id.   de Souain,
      id.   de Somme-Py.

VIGNOBLES

(Voir la première partie. Vignobles, page 14).

PRAIRIES NATURELLES

A l'exception de la vallée de l'Aisne, toutes les prairies du canton de Ville-sur-Tourbe présentent généralement un sol tourbeux-marécageux.

(Voir la première partie. Prairies naturelles, page 14).

TERRES LABOURABLES

Le canton, comme je l'ai déjà dit, est formé de Champagne à l'ouest, de Dormois au nord, et de Vallage pour le surplus.

En dehors de la Champagne, dont le sol est moins riche, le canton de Ville-sur-Tourbe présente toutes les ressources que réclame l'agriculture. Les nombreux atterrissements argilo-sableux en font la richesse.

FORÊTS

A l'est du canton, aux confins de la Meuse et des Ardennes, on remarque de magnifiques forêts, dites de l'Argonne, occupant une superficie de 7,584 hectares ; elles sont la continuation de celles de Sainte-Ménehould.

(Voir la première partie. Forêts, page 16).

ROUTES

Le canton de Ville-sur-Tourbe est traversé :

Du sud-ouest au nord-ouest, par la grand' route nationale n° 77, de Nevers à Sedan ;

Du sud-est au nord, par la route départementale nº 10, de Vitry-le-François à Vouziers;

Du sud au nord-est, par le chemin d'intérêt commun nº 27, ligne principale de Suippes à Vienne-le-Château,

Du sud-ouest au nord, par le chemin d'intérêt commun nº 6 de Tours-sur-Marne à Souain, et le chemin d'intérêt commun nº 35 de Souain à Cernay-en-Dormois;

De l'ouest au nord-ouest, par l'embranchement de Dontrien à Aure, du chemin d'intérêt commun nº 23.

———

Tableau des Communes qui composent le Canton de Ville-sur-Tourbe.

LÉGENDES DES ÉTAGES	NUMÉROS	NOMS DES COMMUNES	ANNEXES ET FERMES	RIVIÈRES	RUISSEAUX	BUREAUX DE POSTE TÉLÉGRAPHE T	DISTANCES KILOMÉTR. de l'Arrondis.	du Canton
ct, c, gz, sv, a, t.	1	Ville-s-Tourbe Chef-lieu de Canton T.	Bois de Ville (ferme) une briqueterie............	Tourbe.	....	bur. de poste	14	
ct, c, gz, sv, a.	2	Berzieux			....	Ville-s.-T.	12	2
gz, d, a.	3	Binarville			la Pissote, Poligny, l'Homme mort, la Mare aux Bœufs, Cinq Fontaines.	Vienne-le-Chât.	20	10
ct, c, gz, sv, a, t.	4	Cernay-en-Dormois	Bayon, les Maisons de Champagne, Chausson, Bois-Rivière (fermes)		du Sugnon............	Ville-s.-T.	20	5
cb, ct, d, a, t.	5	Fontaine-en-Dormois ...	Bellevue (cabaret)	la Dormoise	de Fontaine............	...id....	24	9
cb, d, a.	6	Gratreuil	Deux Maisons au nord à 500 mètres............		de la Tarègle.....	...id....	26	11
cb, d, a.	7	Hurlus				...id....	21	11
cb, d, a.	8	Mesnil-les-Hurlus (le) ...			de Marson............	...id....	21	10
ct, c gz, sv, d, a, t.	9	Malmy............	Monplaisir (ferme) à 1,200 au nord............			...id....	14	3
ct, a, t.	10	Massiges			de l'Étang............	...id....	17	3
cb, ct, d, a, t.	11	Minaucourt	Beauséjour (ferme) à 2 kil. nord-ouest............	Tourbe.	de Marson............	...id....	17	5
cb, d, a, t.	12	Perthes-les-Hurlus	Moulin à Vent à 1 kil. est............			...id....	22	13
ct, d, a, t.	13	Ripont	Le Moulin du Châtelet, Saint-Christophe (fermes)............	Dormoise...	....	...id....	25	10

ct, a, t.	14	Rouvroy		la Bermoise		id.	22	8
cb, d, a.	15	Sainte-Marie-à-Py	Magenta	la Py		Somme-Py.	41	26
gz, d, a.	16	Saint-Thomas		Aisne		Vienne-le-Chât.	12	9
gz, sv, d, a.	17	Servon-Melzicourt	Melzicourt (hameau), Sébastopol, la Chapelle, la Noue, Beaumont (fermes) une briqueterie au nord, proche le village	Aisne, Tourbe.	de la Noue-Décurson, de la Vallée-Moreau	Ville-s.-T.	16	5
cb, d, a.	18	Somme-Py *T*	Médéah (ferme) moulin à eau, moulin à vent, briqueterie à 1 kil. sud-est	la Py		Bur. de poste	41	22
cb, d, a.	19	Souain	La ferme et le moulin des Waques, moulin à vent, Navarin (maison)	la Ain		Somme-Py.	33	19
cb, d, a.	20	Tahure		la Bermoise	de la Goutte	Ville-s.-T.	26	14
gz, d, a.	21	Vienne-la-Ville	Le Moulinet, la Noue (fermes), le Jardinet (hameau), le moulin de Vienne-la-Ville (pavillon de la Joyeuse)	Aisne, Bionne.		Vienne-le-Chât.	10	7
g, gz, d, a.	22	Vienne-le-Château *T*	La Renarde (hameau), le Ronchamp (hameau), le Petit-Ronchamp, la Placardelle (id.), le Four de Paris (id.), la Seigneurerie, Plaisance (fermes), une briqueterie	Biesme.	des Marotines, des Eronnes, du Ronchamp, Fontaine au Mortier, Fontaine au Charme, Houyette, Fontaine aux Bâtons, du Ton, Moreau, etc.	Bur. de poste	14	10
ct, d, a, t.	23	Virginy	Moulin	Tourbe.	de la côte Adoye, fossé de la Brouille	Ville-s.-T.	16	2
cb, d, a.	24	Wargemoulin		Tourbe.	on remarque de magnifiques sources	id.	17	7

LÉGENDE DES ÉTAGES

- g. Gault.
- gz. Gaize.
- sv. Sables verts supérieurs.
- c. Cénomanien supérieur.
- ct. Craie tufeau.
- cb. Craie blanche.
- d. Diluvien.
- a. Atterrissements.
- t. Tourbeux marécageux.
- T. Télégraphes.

I

Ville-sur-Tourbe.

CHEF-LIEU DE CANTON

Au nord-nord-ouest, à 14 kilomètres de Sainte-Menehould, situé à l'extrémité sud de son territoire, sur la Tourbe ; est bâti dans le fond d'une vallée de craie marneuse. Il est traversé à l'ouest par la route départementale n° 10 de Vitry-le-François à Vouziers, sur laquelle se bifurque le chemin d'intérêt commun n° 27, ligne principale de Suippes à Vienne-le-Château, traversant le village dans toute sa longueur.

Écarts : une briqueterie ; la ferme du Bois-de-Ville au nord-est. Au centre du territoire est un étang de 20 hectares.

Altitude : 125.

Population : 560 habitants.

Étendue du territoire : 1,113 hectares.

Il est borné :

Au nord, par le territoire de Cernay-en-Dormois ;

À l'est, par le territoire de Servon ;

Au sud, par le territoire de Virginy ;

Au sud-est, par le territoire de Malmy ;

À l'ouest, par le territoire de Massiges.

FORMATION GÉOLOGIQUE

Au nord-est, à l'extrémité du territoire (contrée dite du Bois-de-Ville, on rencontre de puissants dépôts de sables verts, mêlés de nodules, recouverts d'atterrissements maigres ; j'y ai recueilli :

La dent de l'*otodus appendicatus* et fragments de *pecten asper*.

A la ferme du Bois-de-Ville, ces sables recèlent une grande quantité de polypiers de la famille du *cribo spongia* (*amorphozoaires*).

Entre Ville-sur-Tourbe et le bois de Ville, ces sables sont recouverts par les marnes crayeuses, la *serpula vermicularia*, la *terebratula semi-globosa* y sont communes.

Au nord-ouest, à 2 kilomètres environ, sur le talus rive droite de la route départementale qui conduit à Cernay, entre la borne 64 et 65, j'ai découvert :

La *belemnites plenus* où elle est commune,
Des radioles d'échinides, un *discoïdea*.

A l'ouest, aux confins du territoire, sur Massiges, à 2 kilomètres environ sur le talus d'un chemin de traverse qui conduit à une carrière de craie, j'ai recueilli : la *terebratulina gracilis*, où elle est fort commune.

Au nord, à 1200 mètres de Ville-sur-Tourbe, existent des atterrissements semi-argileux, servant à la fabrication de la brique.

II.

Berzieux.

Au sud-sud-est, à 2 kilomètres de Ville-sur-Tourbe, 12 kilomètres de Sainte-Ménehould ; bâti dans le fond d'une vallée de marnes crayeuses ; est traversé par la route départementale n° 10 de Sainte-Ménehould à Vouziers.

A l'extrémité nord-ouest, est une montagne isolée nommée Montremoy ; altitude : 180.

Altitude : 145, 150.

Population : 287 habitants.

Etendue du territoire : 1,167 hectares.

Il est borné :

Au nord, par le territoire de Malmy ;

Au nord-est, par le territoire de Servon ;

Au sud, par le canton de Sainte-Ménehould ;

A l'est et au sud-est, par le territoire de Vienne-la-Ville ;

Au nord-ouest, à l'ouest et sud-ouest, par le territoire de Virginy.

FORMATION GÉOLOGIQUE

A l'extrémité nord-est, aux confins de Malmy, sur le flanc d'une colline, les sables verts apparaissent à nu, mêlés de nodules de phosphates de chaux.

A l'extrémité nord, aux confins de Ville-sur-Tourbe, j'ai recueilli dans une carrière, rive droite de la route départementale, un *Janira*.

Au nord-ouest, sur le versant de la côte dite Montremoy, la *terebratulina gracilis* et la *terebratulina campaniensis* y sont communes.

J'ai recueilli les mêmes fossiles à l'ouest, à la côte Fallot.

Le surplus du territoire à l'ouest est occupé par la craie blanche.

Au sud-est, à 1,500 mètres environ sur le talus de la route départementale entre Berzieux et Arraja, j'ai rencontré :

Des récifs de polypiers de grande taille,
Des serpules,
Radioles d'échinides.

Ces derniers y sont communs.

Sur le sommet d'une colline, dite des Cruzi, au sud-ouest, à 4 kilomètres de Berzieux, on rencontre dans les excavations de la craie blanche, des sables jaunes, légèrement terreux, additionnés de carbonate de chaux.

(Voir la première partie. Sables quartzeux, page 79 et 97.)

III

Binarville.

Au nord-est, à 10 kilomètres de Ville-sur-Tourbe, 20 kilomètres de Sainte-Ménehould ; bâti à l'aspect nord, sur le versant d'une colline de gaize ; confine au département des Ardennes et celui de la Meuse.

Il est arrosé au nord, par le ruisseau de la Pissotte, grossi par ceux de Poligny et de l'Homme-Mort, qui prennent leur source à l'est, viennent se jeter dans l'Aisne à Autry (Ardennes).

Sur la bordure nord-ouest, le ruisseau de la Mare-aux-Bœufs, grossi par ceux des Cinq-Fontaines et de la Fontaine-au-Charme, vient affluer dans l'Aisne à Condé-les-Autry (Ardennes).

Il possède quatre étangs :

1° L'étang de l'Homme-Mort,
2°   id.   de Charlevaux,
3°   id.   de la Petite-Forge,
4°   id.   de Poligny.

Il est traversé par la route de grande communication n° 2 de Sainte-Ménehould à Vouziers.

Altitude : 185, 190.

Population : 725 habitants.

Etendue du territoire : 1,661 hectares.

Il est borné :

Au nord-nord-est, nord-ouest et à l'ouest, par le département des Ardennes ;

Au sud, par le territoire de Servon ;

Au sud-est, par le territoire de Vienne-le-Château ;

A l'est, par le département de la Meuse.

FORMATION GÉOLOGIQUE

La gaize est le seul étage que l'on rencontre sur ce territoire, elle est recouverte au sud par de puissants dépôts diluviens et alluvions argilo-sableuses.

IV

Cernay-en-Dormois.

Au nord, à 5 kilomètres de Ville-sur-Tourbe, 20 kilomètres de Sainte-Mènehould ; bâti sur le versant d'une colline de craie tufeau ; est arrosé de l'est au nord-est par la Dormoise, du sud-est au nord-est par le ruisseau du Sugnon, qui se jette dans la Dormoise à l'extrémité nord-est du territoire.

Il est traversé à l'ouest, par la route départementale n° 10 de Vitry-le-François à Vouziers, où se bifurque le chemin d'intérêt commun n° 35 de Souain à Cernay-en-Dormois.

Ecarts :

Bayon, les maisons de Champagne, Chausson, Bois-Rivière (fermes).

Altitude : 125.

Population : 816 habitants.

Etendue du territoire : 2,483 hectares.

Il est borné :

Au nord, par le territoire de Bouconville (Ardennes) ;

A l'est et nord-est, par le territoire de Servon ;

Au sud et sud-est, par le territoire de Ville-sur-Tourbe ;

Au sud-ouest, par les territoires de Massiges et de le Mesnil-les-Hurlus ;

A l'ouest, par le territoire de Ripont ;

Au nord-ouest, par les territoires de Rouvroy et de Fontaine-en-Dormois.

FORMATION GÉOLOGIQUE

A l'ouest, à 500 mètres, à la bifurcation d'un chemin de contrée qui conduit à la ferme de Chausson, on voit sur le versant d'une colline, inclinant dans la vallée de la Dormoise, un dépôt de sables gris-vert assez puissant, veiné çà et là, en lignes brisées, de carbonate de chaux.

(Voir la première partie, page 51).

Au nord-est, à l'extrémité du territoire, apparaissent les sables verts supérieurs, mêlés de nodules de phosphates de chaux, immédiatement recouverts par les marnes cénomaniennes supérieures.

Le surplus du territoire doit sa formation à la craie tufeau.

V

Fontaine-en-Dormois.

Au nord, à 9 kilomètres de Ville-sur-Tourbe, 24 kilomètres de Sainte-Ménehould ; bâti au pied d'une colline de craie tufeau, sur le ruisseau de Fontaine.

Ecart : Bellevue (cabaret), à l'extrémité nord.
Altitude : 135, 140.
Population : 147 habitants.
Etendue du territoire : 529 hectares.

Il est borné :
Au nord, par le territoire de Séchault (Ardennes) ;
Au nord-est et à l'est, par le territoire de Cernay-en-Dormois ;
Au sud et sud-est, par les territoires de Rouvroy et Cernay-en-Dormois ;
Au sud-ouest, par le territoire de Ripont ;
Au nord-ouest, par le territoire de Gratreuil.

FORMATION GÉOLOGIQUE

Au nord-ouest, sur les talus de la route qui conduit à Gratreuil, on rencontre quelques *terebratulina gracilis* et radioles d'échinides. Ces fossiles, bien que rares, sont néanmoins suffisants pour reconnaître le turonien supérieur.

A 200 mètres à l'ouest, dans un chemin de traverse, les *terebratulina gracilis* et *campa-*

niensis y sont très communes ; sur le sommet de cette côte, existent de puissants dépôts diluviens d'alluvions rouges et graviers crayeux.

La craie blanche occupe le surplus du territoire, à l'est et au nord.

VI

Gratreuil.

A l'extrémité nord-ouest, aux confins du département des Ardennes, à 11 kilomètres de Ville-sur-Tourbe, 26 kilomètres de Sainte-Ménehould, sur le ruisseau de la Tarègle ; est bâti sur le sommet d'une colline de craie blanche.

Ecart : deux maisons, à 500 mètres au nord.
Altitude : 175, 180.
Population : 121 habitants.
Etendue du territoire : 476 hectares.

Il est borné :

Au nord et nord-ouest, par les territoires de Ardeuil et Manre (Ardennes) ;

Au nord-est et sud-est, par le territoire de Fontaine-en-Dormois ;

Au sud, par le territoire de Ripont ;

Au sud-ouest, par le territoire de Tahure.

FORMATION GÉOLOGIQUE

La craie tufeau apparait au sud-est entre Gratreuil et Fontaine-en-Dormois ; le surplus du territoire est occupé par la craie blanche.

J'ai recueilli dans la craie de cette contrée des débris agglomérés d'écailles et dents de poissons, en assez grande quantité.

VII

Hurlus.

Au sud-ouest, à 11 kilomètres de Ville-sur-Tourbe, 21 kilomètres de Sainte-Ménehould ; est bâti sur le sommet d'une colline de craie blanche.

A l'extrémité sud, l'ancienne voie romaine longe ce territoire.

Altitude : 172.

Population : 121 habitants.

Etendue du territoire : 882 hectares.

Il est borné :

Au nord, par les territoires de Mesnil-les-Hurlus et Perthes-les-Hurlus ;

Au nord-est, par le territoire de Mesnil-les-Hurlus ;

Au sud, par le canton de Sainte-Ménehould ;

Au sud-est, par le territoire de Warge-moulins ;

Au sud-ouest, par le territoire de Perthes-les-Hurlus.

FORMATION GÉOLOGIQUE

La craie blanche est la seule formation qui soit apparente sur ce territoire.

Au nord, on remarque quelques dépôts diluviens composés d'alluvions de limons rouges, graviers crayeux, recouvrant la craie en cet endroit.

VIII

Mesnil-les-Hurlus (le).

Au sud-ouest, à 10 kilomètres de Ville-sur-Tourbe, 21 kilomètres de Sainte-Ménehould ; bâti à la naissance d'une vallée de craie blanche ; est arrosé à l'est par le ruiseau de Marson, qui prend sa source sur ce territoire.

A l'extrémité nord, est une montagne dite Butte-du-Mesnil ; altitude : 200.

Altitude : 160.

Population : 88 habitants.

Etendue du territoire : 1,137 hectares.

Il est borné :

Au nord, par les territoires de Tahure, Ripont et Cernay-en-Dormois ;

Au nord-est, par le territoire de Massiges ;

A l'est, par le territoire de Minaucourt ;

Au sud, par les territoires de Wargemoulin et Hurlus ;

Au sud-ouest, par le territoire de Hurlus ;

A l'ouest, par le territoire de Perthes-les-Hurlus ;

Au nord-ouest, par le territoire de Tahure.

FORMATION GÉOLOGIQUE

Ce territoire présente la même formation que celui d'Hurlus.

Les mêmes dépôts diluviens apparaissent au sud et au sud-est.

IX

Malmy.

Au sud-est, à 3 kil. de Ville-sur-Tourbe, 14 kil. de Ste-Ménehould, sur le bord occidental du bois d'Aulzy ; est bâti au pied d'une colline de craie marneuse et craie tufeau.

Ecart : Monplaisir (ferme), à 1,200 mètres au nord.

Altitude : 137, 140.

Population : 99 habitants.

Etendue du territoire : 489 hectares.

Il est borné :

Au nord, par le territoire de Ville-sur-Tourbe;

Au nord-est et à l'est, par le territoire de Servon ;

Au sud et sud-est, par le territoire de Berzieux ;

Au sud-ouest et à l'ouest, par le territoire de Virginy ;

A nord-ouest, par les territoires de Virginy et Ville-sur-Tourbe.

FORMATION GÉOLOGIQUE

La colline qui borde Malmy, de l'ouest à l'est (altitude : 174), est la continuation du mamelon de Montremoy que nous voyons sur Berzieux ; elle présente un rempart à la vallée de la Tourbe, se dirige à l'est sur Vienne-la-Ville, où elle perd presque subitement son altitude. Dans la contrée dite des Marotines, proche le bois d'Aulzy, la gaize apparaît pour ainsi dire à la surface.

Au sud-ouest, les sables verts occupent le versant d'une colline qui incline sur la vallée de la Tourbe.

A l'est et au sud-est, ils sont également apparents, mêlés de nodules de phosphates de chaux.

Ces sables sont immédiatement recouverts par les marnes crayeuses, ainsi que je l'ai constaté sur plusieurs points du territoire.

Au sud, dans une tranchée qui borde Malmy, j'ai recueilli un *janira* où il est commun, des fragments de spondyle, un pecten que je crois être l'*obliquus*, la *terebratula semi-globosa*, la *vermicularia imbonata*, un coprolite parfaitement caractérisé.

A un niveau plus élevé :

Un nautile (son mauvais état de conservation ne permet pas de le déterminer).

A l'ouest, sur le talus de la route qui conduit à Ville-sur-Tourbe :

La *vermicularia imbonata*, des fragments de *holaster*, des cyclolites, des radioles d'échinides, des fragments de pecten.

Au nord-ouest, dans le fond de la vallée, on rencontre quelques vestiges de sables verts qui recèlent divers amorphozoaires de la famille du *criba spongia*.

L'assainissement de rigoles m'a permis de constater que, dans le fond de cette vallée existe une couche diluvienne de marnes crayeuses ; son épaisseur est d'environ 25 à 30 centimètres,

A l'extrémité nord existe un lit de poudingue ayant une largeur d'environ 150 mètres et une épaisseur de 0^m15 à 25 centimètres, on le voit mélangé aux marnes qui occupent la direction sud.

Les prairies de cette contrée sont tourbeuses-marécageuses.

X

Massiges.

A l'ouest, à 3 kil. de Ville-sur-Tourbe, 17 kil. de Ste-Ménehould ; est bâti dans le fond d'une vallée, au pied d'une colline de craie tufeau et craie blanche.

Il est arrosé par le ruisseau de l'Etang, qui prend sa source à l'extrémité nord du territoire.

Altitude : 140.

Population : 177 habitants.

Etendue du territoire : 819 hectares.

Il est borné :

Au nord, par le territoire de Cernay-en-Dormois ;

A l'est, par le territoire de Ville-sur-Tourbe ;

Au sud, par le territoire de Virginy ;

Au sud-ouest, par le territoire de Minaucour;t

A l'ouest par les territoires de Minaucourt et Mesnil-les-Hurlus.

FORMATION GÉOLOGIQUE

Au nord, dans une carrière, sur le sommet d'une colline, j'ai recueilli :

La *terebratula globosa*.

Plusieurs échinides ; leur mauvais état de conservation s'oppose à leur classification.

La craie blanche est la formation la plus répandue sur ce territoire.

XI

Minaucourt.

Au sud-ouest, à 5 kil. de Ville-sur-Tourbe, 17 kil. de Ste-Ménehould ; arrosé du sud à l'est par la Tourbe, du nord-ouest au nord-est par le ruisseau de Marson ; est bâti dans le fond d'une vallée encadrée par des collines de craie blanche.

Ecart : la ferme de Beau-Séjour, à 2 kil. nord-ouest.

Altitude : 135, 140.

Population : 245 habitants.

Etendue du territoire : 1,174 hectares.

Il est borné :

Au nord, par les territoires de Massiges et Mesnil-les-Hurlus ;

Au nord-est, par le territoire de Massiges ;

A l'est et sud-est, par le territoire de Virginy ;

Au sud, par le canton de Ste-Ménehould ;

Au sud-ouest, par le territoire de Wargemoulin ;

A l'ouest et nord-ouest, par le territoire de Mesnil-les-Hurlus.

FORMATION GÉOLOGIQUE

Au sud, à 80 mètres environ de la Tourbe, on rencontre la *terebratulina gracilis*, des plaques inter ambulacraires et radioles d'échinides, des foraminifères.

Le surplus du territoire, au nord et à l'ouest, doit sa formation à la craie blanche.

XII

Perthes-les-Hurlus.

Au sud-ouest, à 13 kil. de Ville-sur-Tourbe, 22 kil. de Ste-Ménehould; est bâti sur le versant d'une colline de craie blanche.

Ecart : un moulin à vent à 1 kil. est.

Altitude : 165, 170, 180.

Population : 208 habitants.

Etendue du territoire : 1.297 hectares.

Il est borné :

Au nord, par le territoire de Tahure ;

A l'est, par le territoire de Mesnil-les-Hurlus ;

Au sud-est, par le territoire de Hurlus ;

Au sud, par le canton de Ste-Ménehould et celui de Suippes ;

A l'ouest, par le territoire de Souain.

FORMATION GÉOLOGIQUE

Le territoire de Perthes-les-Hurlus ne présente d'autre formation que celle de la craie blanche.

Au nord, on rencontre ces mêmes alluvions de graviers crayeux qui sont propres à la Champagne.

XIII

Ripont.

Au nord-ouest, à 10 kil. de Ville-sur-Tourbe, 25 kil. de Ste-Ménehould; arrosé de l'est à l'ouest par la Dormoise, est bâti dans le fond d'une vallée, encadré par deux collines de craie tufeau. Il est traversé par le chemin d'intérêt commun n° 35 de Souain à Cernay-en-Dormois.

Ecarts : le moulin du Châtelet à 1,200 mètres ouest, Saint-Christophe (ferme) à 500 mètres.

Altitude : 130.

Population : 144 habitants.

Etendue du territoire : 733 hectares.

Il est borné :

Au nord, par les territoires de Gratreuil et Fontaine-en-Dormois ;

A l'est, par le territoire de Rouvroy ;

Au sud, par le territoire de Mesnil-les-Hurlus ;

Au sud-est, par le territoire de Cernay-en-Dormois ;

A l'ouest et sud-ouest, par le territoire de Tahure.

FORMATION GÉOLOGIQUE

Au nord-est, à 200 mètres du village, sur le talus de la route (rive gauche) qui conduit à Rouvroy, on rencontre la *terebratulina gracilis*.

Les dépôts diluviens, alluvions de limon rouge, graviers crayeux, sont abondants au nord-est où ils recouvrent le turonien supérieur de cette contrée.

La craie blanche apparaît à l'ouest et au sud-ouest.

La vallée arrosée par la Dormoise est tourbeuse-marécageuse.

XIV

Rouvroy.

Au nord, à 8 kil. de Ville-sur-Tourbe, 22 kil.
de Ste-Ménehould; bâti dans le fond d'une vallée
de craie tufeau; est arrosé par la Dormoise qui
traverse le territoire de l'ouest au nord-est.

Il est traversé par le chemin d'intérêt commun
n° 35 de Souain à Cernay-en-Dormois.

Altitude : 125, 130.

Population : 139 habitants.

Etendue du territoire : 444 hectares.

Il est borné :

Au nord, par le territoire de Fontaine-en-
Dormois ;

A l'est et au sud, par le territoire de Cernay-
en-Dormois ;

A l'ouest, par le territoire de Ripont.

FORMATION GÉOLOGIQUE

Le turonien est la formation qui domine sur
ce territoire.

A l'extrémité sud, la craie blanche commence
à apparaître.

Les prairies de cette contrée sont tourbeuses-
marécageuses

XV

Sainte-Marie-à-Py.

A l'ouest, à 26 kilomètres de Ville-sur-Tourbe, 41 kilomètres de Sainte-Ménehould, à l'extrémité occidentale, aux confins du canton de Beine bâti dans le fond d'une vallée ; encadrée par des collines de craie blanche ; est arrosé par la Py ; il est traversé par le chemin d'intérêt commun n° 23, embranchement de Dontrien à Aure.

Ecart : Magenta à 500 mètres est.
Altitude : 120.
Population : 565 habitants.
Etendue du territoire : 2,693 hectares.

Il est borné :

Au nord, par le département des Ardennes ;
A l'est, par le territoire de Somme-Py ;
Au sud, par le canton de Suippes ;
A l'ouest, par le canton de Beine

FORMATION GÉOLOGIQUE

Ce spacieux territoire est totalement occupé par la craie blanche. Au sud, existent des dépôts d'alluvions de limon rouge, graviers crayeux, qui recouvrent la craie.

XVI

Saint-Thomas.

A l'est, à 9 kilomètres de Ville-sur-Tourbe, 12 kilomètres de Sainte-Ménehould ; bâti sur le versant d'une colline de gaize à pic ; au pied de cette montagne, l'Aisne arrose une magnifique prairie.

Altitude : 130, 170.

Population : 184 habitants.

Etendue du territoire : 143 hectares.

Il est borné :

Au nord-nord-ouest et à l'ouest, par le territoire de Servon ;

A l'est, sud-est et au sud, par le territoire de Vienne-le-Château ;

Au sud-ouest, par le territoire de Vienne-la-Ville.

FORMATION GÉOLOGIQUE

Ce petit territoire est totalement occupé par la gaize.

A l'est on rencontre quelques dépôts diluviens, identiques à ceux que nous voyons sur Servon et Vienne-le-Château.

(Voir Vienne-la-Ville, en ce qui concerne les atterrissements sableux qui occupent le flanc des collines en regard de Saint-Thomas.)

XVII

Servon-Melzicourt.

Au nord-est, à 5 kilomètres de Ville-sur-Tourbe, 16 kilomètres de Sainte-Ménehould ; arrosé du sud-est au nord par l'Aisne, au sud-ouest par la Tourbe qui se jette dans l'Aisne à 1 kilomètre en aval de Servon (1) ; est bâti sur le versant sud-ouest d'une colline de gaize.

Sur ce territoire on remarque plusieurs ruisseaux :

Le ruisseau de la Rouvrelle, au sud-est ;
  id. Noue-d'Ecusson, à l'est ;
  id. Vallée-Moreau, au nord-est.

Ecarts : le hameau de Melzicourt, à 1,500 mètres sud ; la ferme de Sébastopol, à 3 kilomètres sud ; la ferme de la Chapelle, à 1 kilomètre sud-ouest ; écurie de la Rouvrelle au sud-est ; une briqueterie au nord près de Servon ; la ferme de la Noue-Beaumont, à 2 kilomètres nord-est.

A l'est près du village, deux petits étangs.
Altitude : 130, 140.
Population : 695 habitants.
Etendue du territoire : 2,578 hectares.

Il est borné :
Au nord, par le département des Ardennes ;
Au nord-est, par le territoire de Binarville ;

(1) L'ancien cours de la Tourbe afflue dans l'Aisne entre Melzicourt et la ferme de la Chapelle.

A l'est, par le territoire de Vienne-le-Château ;

Au sud, par les territoires de Malmy et de Vienne-la-Ville ;

Au sud-est, par les territoires de Vienne-la-Ville et de Saint-Thomas ;

Au sud-ouest, par le territoire de Malmy ;

A l'ouest, par les territoires de Malmy et de Ville-sur-Tourbe ;

Au nord-ouest, par le territoire de Cernay-en-Dormois.

FORMATION GÉOLOGIQUE

La gaize apparaît dans toute l'étendue de ce spacieux territoire, elle a son inclinaison vers le sud-ouest et le nord-ouest, où elle diminue rapidement d'épaisseur sur les territoires limitrophes de Malmy, Ville-sur-Tourbe et Cernay-en-Dormois ; là elle disparaît avec les sables verts supérieurs, sous les marnes crayeuses du cénomanien supérieur.

Au nord, sur le versant d'une colline en regard du village, les sables verts apparaissent à nu.

A l'est, sur le sommet d'une colline traversée par la route qui conduit à Vienne-le-Château, à 2 kilomètres de Servon, on remarque un dépôt de sables vert-grisâtre, mêlés de rognons siliceux, roulés, assez volumineux, ayant une grande dureté.

Cet amas sableux, dont la puissance est d'environ 8 à 9 mètres, exploité pour la fabrication du verre à bouteilles, est recouvert par les dépôts diluviens; on y rencontre quelques *amorphozoaires*.

Au nord-est, entre Servon et la ferme de la Noue-Beaumont, la gaize contient des rognons siliceux en assez grande quantité; dans cette contrée ainsi qu'à l'est la gaize est recouverte par le diluvien.

Ces dépôts sont stratifiés en lignes ondulées et brisées, noires, rouges et jaunes.

Dans ces carrières, on remarque des poches de sables gris très-fins, ils sont analogues à ceux que j'ai signalés sur la Neuville-au-Pont.

Au nord, près du village, les atterrissements argilo-sableux assez puissants, mêlés çà et là de cailloux roulés de gaize, sont exploités pour la fabrication de la brique, dont les produits sont d'environ 100,000.

XVIII

Somme-Py.

Au nord-ouest, à 22 kilomètres de Ville-sur-Tourbe, 41 kilomètres de Sainte-Ménehould, à la source de la Py ; bâti dans le fond d'une vallée de craie blanche ; est traversé au sud-est par la route nationale n° 77 de Nevers à Sedan, sur laquelle se bifurque le chemin d'intérêt commun n° 23, embranchement de Dontrien à Aure.

Ecarts :

Médéah (ferme), à 5 kilomètres à l'extrémité nord ;

Moulin à eau, à 1 kilomètre ouest ;

Moulin à vent, à 500 mètres sud ;

Briqueterie, à 1 kilomètre sud-est.

Altitude : 135, 140.

Population : 926 habitants.

Etendue du territoire : 4,503 hectares.

Il est borné :

Au nord et nord-est, par le département des Ardennes ;

Au sud, par le territoire de Souain ;

Au sud-est, par le territore de Tahure ;

A l'ouest, par le territoire de Sainte-Marie-à-Py.

FORMATION GÉOLOGIQUE

Cet immense territoire ne présente d'autre étage que la craie blanche. Au nord existent de puissants dépôts d'alluvions crayeuses qui recouvrent la craie ; cette région est en majeure partie plantée de sapins. Aux alentours du village, ainsi qu'à l'extrémité sud, ces mêmes alluvions apparaissent.

XIX

Souain

Au sud-ouest, à 19 kilomètres de **Ville-sur-Tourbe**, 33 kilomètres de **Sainte-Ménehould** ; bâti dans le fond d'une vallée de craie blanche à la source de la Ain (affluent de la **Suippe**) ; est traversé par la route nationale n° 77 de Nevers à Sedan, sur laquelle se bifurque le chemin d'intérêt commun n° 6 de **Tours-sur-Marne** à Souain ; à l'est, le chemin d'intérêt commun n° 35 de Souain à Cernay-en-Dormois.

Écarts :

La ferme et le moulin des **Waques**, à 1,500 mètres sud ;

Un moulin à vent, à 1 kilomètre ouest ;

Navarin (maison isolée), à 3 kilomètres 800 mètres nord.

Au sud-est, un étang de quatre hectares.

Altitude : 135, 140.

Population : 723 habitants.

Étendue du territoire : 1,015 hectares.

Il est borné :

Au nord, par les territoires de **Somme-Py** et Sainte-Marie-à-Py ;

Au nord-est, par le territoire de **Tahure** ;

À l'est, par le territoire de **Perthes-les-Hurlus** ;

Au sud et à l'ouest, par le canton de **Suippes** ;

Au nord-ouest, par le territoire de **Sainte-Marie-à-Py**.

17

FORMATION GÉOLOGIQUE

Ce vaste territoire est totalement occupé par la craie blanche.

Au nord et au nord-est, on rencontre de puissantes alluvions crayeuses qui recouvrent la craie.

Au nord-est, à l'est, au sud-est et au sud, on remarque d'immenses forêts de sapins, qui croissent sur un sol aride.

XX

Tahure.

Au nord-ouest, à 14 kilomètres de Ville-sur-Tourbe, 26 kilomètres de Sainte-Ménehould ; bâti à la naissance d'une vallée de craie blanche, à la source de la Dormoise, grossie par le ruisseau de la Goutte, qui prend sa source à 2 kilomètres sud, sur ce territoire. Il est traversé par le chemin d'intérêt commun n° 35 de Souain à Cernay-en-Dormois.

Au nord, on remarque une montagne de craie blanche dite la butte de Tahure ; altitude : 195.

Altitude : 145, 150.

Population : 218 habitants.

Etendue du territoire : 2,312 hectares.

Il est borné :

Au nord, par le territoire de Manre (Ardennes) ;

Au nord-est, par le territoire de Gratreuil ;

A l'est, par le territoire de Ripont ;

Au sud, par les territoires de Mesnil-les-Hurlus et Perthes-les-Hurlus ;

A l'ouest, par le territoire de Souain ;

Au nord-ouest, par le territoire de Somme-Py.

FORMATION GÉOLOGIQUE

Ce territoire présente la même formation que celle de Souain (craie blanche).

XXI

Vienne-la-Ville.

Au sud-est, à 7 kilomètres de Ville-sur-Tourbe, 10 kilomètres de Sainte-Ménehould ; bâti sur le versant nord-nord-est d'une colline de gaize et dans le fond d'une vallée sur l'Aisne ; il est de plus arrosé du sud-ouest à l'est par la Bionne, qui se jette dans l'Aisne en amont près du village.

Il est traversé par le chemin d'intérêt commun n° 27, embranchement de Somme-Bionne au Four-de-Paris.

Ecarts :

Le Jardinet (hameau), à proximité ; le moulin de Vienne-la-Ville, à proximité au nord-est ; le Pavillon-de-la-Joyeuse, au nord, à 1 kilomètre ; le Moulinet (ferme), à 1 kilomètre sud ; la Noue (ferme), à 1,600 mètres sud.

Altitude : 135, 140, 150, 160.

Population : 476 habitants.

Etendue du territoire : 748 hectares.

Il est borné :

Au nord, par les territoires de Saint-Thomas et de Servon ;

A l'est, par le territoire de Vienne-le-Château ;

Au sud, par le canton de Sainte-Ménehould ;

A l'ouest, par le territoire de Berzieux ;

Au nord-ouest, par le territoire de Servon.

FORMATION GÉOLOGIQUE

Le territoire de Vienne-la-Ville est totalement occupé par la gaize.

Au nord-est, à mi-chemin de Vienne-le-Château, dans une carrière, rive droite, j'ai recueilli :

L'*ammonites varians*,
L'*hamites armatus*,
Le *scaphites æqualis*,
Le *janira quinquecostata*,
Plusieurs bivalves.

A l'extrémité nord, sur le versant d'une colline, en regard de Saint-Thomas, on remarque de puissants atterrissements de sables gris (additionnés de légers fragments de carbonate de chaux) déposés par lits interrompus. Il est facile de constater que ces dépôts sont dus à des agglomérations alternatives ; les couches de graviers (calcaire portlandien de gaize), en lignes plus ou moins inclinées ou brisées, en sont une preuve évidente.

Pour mon propre compte, j'attribue leurs formations aux remous occasionnés par l'affluent de la Biesme.

Toute la vallée en regard de Saint-Thomas est de même formation, reposant sur la gaize.

Au nord-ouest à 100 mètres du village et à l'est dans la contrée du Jardinet, la gaize est recouverte par le diluvien et des marnes carbonate de chaux.

Dans le courant d'avril 1881, on a découvert dans une tranchée pour la création de la ligne de Vouziers à Revigny, proche le village, à

4 mètres 50 de profondeur, à la base du diluvien qui recouvre la gaize, une gigantesque défense de mammouth : a un niveau plus élevé, dans ces mêmes alluvions, on a rencontré une dent de ces mêmes pachydermes, ainsi que deux autres qui devaient appartenir à l'ours des cavernes. Tous ces beaux débris, qui m'ont été offerts par M. Craste, entrepreneur des chemins de fer de l'Est, tiennent leur place dans mon cabinet, où ils ont été reçus avec le plus sympathique accueil.

XXII

Vienne-le-Château.

A l'est, à 10 kilomètres de Ville-sur-Tourbe, 14 kilomètres de Sainte-Ménehould ; bâti sur le versant d'une colline de gaize, dans le fond de la vallée sur la Biesme ; est traversé par le chemin de grande communication de Sainte-Ménehould à Vouziers, sur lequel s'embranche la route du Four-de-Paris.

Altitude : 130, 160.

Écarts :

La Renarde (hameau), à 1,600 mètres au sud-ouest ; le Rouchamp et le Petit-Rouchamp, à 1,600 mètres au sud ; la Placardelle (hameau), à 1,500 mètres au sud-est ; la Harazée (hameau), à 1,800 mètres à l'est ; le Four-de-Paris (hameau), à 3 kilomètres 800 mètres à l'extrémité est ; la Seigneurie (ferme), à 2 kilomètres sud-est ; Plaisance, à 1,800 mètres sud-est ; une briqueterie.

Population : 1,816 habitants.

Étendue du territoire : 5,132 hectares.

Il existe sur ce territoire plusieurs ruisseaux qui prennent leurs sources au pied des montagnes de la gaize :

Les ruisseaux des Marotines et des Eronies, au sud, affluents de l'Aisne, le ruisseau du Rouchamp, affluent de la Biesme ;

Les ruisseaux de la Fontaine-au-Mortier, de la

Fontaine-au-Charme, à l'est ; de la Fontaine-Houyette, au nord-est, affluents de la Biesme ;

Les ruisseaux de la Fontaine-aux-Bâtons, du Fou, et de Moreau, au nord.

La fontaine Pette-Loup, près du village,

id.   la Miette,
id.   de la Noue-des-Morts,
id.   du Four-l'Abbé,
id.   Brisetout,
id.   des Emerlots,
id.   Madame,
id.   des Meurissons,
id.   de la Cristallerie,
id.   de la Barricade,
id.   des Artichauts.

Il est borné :

Au nord, par le territoire de Binarville ;

Au nord-est, à l'est et au sud-est, par le département de la Meuse ;

Au sud, par le canton de Sainte-Ménehould ;

Au sud-ouest, par le territoire de Vienne-la-Ville ;

Au nord-ouest, par le territoire de Saint-Thomas.

FORMATION GÉOLOGIQUE

A l'extrémité est, au Four-de-Paris, aux abords de la Biesme, on rencontre les mêmes argiles du gault, qui sont la continuation de celles de la Vignette ; là elles disparaissent subitement sous les collines abruptes de la gaize, qui est la formation principale du territoire de Vienne-le-Château.

Au nord-est, à 1 kilomètre, sur le sommet de la route qui conduit à Binarville, la gaize est recouverte par de puissants dépôts diluviens, composés de cailloux roulés de calcaire portlandien et de gaize, puis succèdent des atterrissements argilo-sableux semi-plastiques, chargés d'oxyde de fer granulé, entremêlés çà et là d'argiles blanches beaucoup plus grasses.

Ces dépôts, qui occupent la majeure partie du plateau, sont utilisés pour la fabrication de la brique.

La gaize de cette contrée est assez fossilifère, j'y ai recueilli plusieurs fossiles :

L'*ammonites varians*, des fragments d'*hamites*, des bivalves.

XXIII

Virginy.

Au sud, à 2 kilomètres de Ville-sur-Tourbe,
16 kilomètres de Sainte-Ménehould ; bâti dans
le fond d'une vallée de craie tufeau ; est arrosé
aux confins nord-ouest, nord et nord-est par
la Tourbe, à l'ouest par le ruisseau de la côte
Adoye, au nord-est par le ruisseau de la
Brouille, tous deux affluents de la Tourbe.

Il est traversé par le chemin d'intérêt
commun n° 27, ligne principale de Suippes à
Vienne-le-Château.

Au sud, on remarque une colline élevée dite
la côte Adoye ; altitude : 202.

Ecart : un moulin sur une dérivation de la
Tourbe, à 300 mètres nord-ouest.

Une carpière au nord-est, en bordure de la
route départementale près Ville-sur-Tourbe.

Altitude : 125, 130.

Population : 368 habitants.

Etendue du territoire : 1,218 hectares.

Il est borné :

Au nord, par les territoires de Ville-sur-
Tourbe et Massiges ;

A l'est, par les territoires de Malmy et Berzieux ;

Au sud, par le canton de Sainte-Ménehould ;

A l'ouest et nord-ouest, par le territoire de
Minaucourt.

FORMATION GÉOLOGIQUE

Au sud-est, à 1 kilomètre sur les talus d'un chemin de traverse, on rencontre des fragments de spondyles, la *terebratula semi-globosa*.

A l'ouest, à mi-côte d'un chemin qui conduit à une carrière située sur le sommet de la colline, la *terebratulina gracilis* est commune.

Cette carrière de craie blanche présente quelques caractères tufiers. J'y ai rencontré un *spatangus*.

Les prairies de ces contrées sont tourbeuses-marécageuses.

XXIV

Wargemoulin.

Au sud-ouest, à 7 kilomètres de Ville-sur-Tourbe, 17 kilomètres de Sainte-Ménehould ; bâti dans une vallée de craie blanche sur la Tourbe ; est traversé par le chemin d'intérêt commun n° 27, ligne principale de Suippes à Vienne-le-Château.

Au centre du village existent des sources très-puissantes d'une limpidité remarquable, qui méritent l'attention des touristes.

Altitude : 140, 150.

Population : 79 habitants.

Etendue du territoire : 629 hectares.

Il est borné :

Au nord, à l'est et au sud-est, par le territoire de Minaucourt ;

Au sud, par le canton de Sainte-Ménehould ;

Au sud-ouest et à l'ouest, par le territoire de Hurlus ;

Au nord-ouest, par le territoire de Mesnil-les-Hurlus.

FORMATION GÉOLOGIQUE

La craie blanche est le seul étage que l'on rencontre sur ce territoire, j'y ai recueilli :

Le *spondylus spinosus*,

Le *micraster cor anguinum*.

La Tourbe coule au pied d'une colline à pic et aride qui borde une faible prairie du sud au sud-est.

Le bassin de cette vallée recéle des alluvions modernes amenées des collines voisines par les eaux pluviales.

Au sud, on rencontre quelques dépôts d'alluvions anciennes, de limon rouge, graviers crayeux.

CANTON DE DOMMARTIN-SUR-YÈVRE

TOPOGRAPHIE

Le canton de Dommartin-sur-Yèvre, qui occupe le sud de l'arrondissement, a un aspect irrégulier, et présente un relief beaucoup moins accentué que les autres contrées déjà décrites.

Toute la région sud-est, est et nord-est, présente une surface plane légèrement mouvementée.

Du sud au nord, nous remarquons de magnifiques collines de craie tufeau et craie blanche, qui encadrent la vallée de l'Yèvre, affluent de l'Auve.

A l'ouest, le sol se déprime à nouveau, néanmoins il offre un relief plus accentué qu'à l'est.

Ce canton est formé de Champagne à l'ouest : le Vallage a ses limites au sud-est et nord-est au pied des collines de la Serre.

Il est borné :

Au nord, par le canton de Ste-Ménehould ;

A l'ouest, par les cantons de Suippes et de Marson (arrondissement de Châlons-sur-Marne) ;

Au sud, par le canton d'Heiltz-le-Maurupt (arrondissement de Vitry-le-François) ;

A l'est, par le département de la Meuse.

Il confine à ces départements, arrondissements et cantons par les communes suivantes :

Au nord, Gizaucourt, Voilemont, Braux-St-Remy, canton de Ste-Ménéhould ;

Au nord-est, Villers-en-Argonne, Passavant canton de Ste-Ménéhould ;

Au nord-ouest, la Croix-en-Champagne, canton de Sainte-Ménéhould ;

Au sud, Bussy-le-Repos, Possesse (canton d'Heiltz-le-Maurupt, arrondissement de Vitry-le-François) ;

Au sud-est, Sommeilles (département de la Meuse) ;

Au sud-ouest, Moivre, Poix, Somme-Vesle, Courtisols (canton de Marson, arrondissement de Châlons-sur-Marne) ;

A l'ouest, Bussy-le-Château (canton de Suippes, arrondissement de Châlons-sur-Marne) ;

A l'est, Triaucourt, Seuart, Aubercy, Brizeaux (département de la Meuse).

Il se compose de 26 communes dont les noms figurent sur un tableau, pages 278 et 279.

Sa superficie se divise ainsi qu'il suit :

Terres labourables..............	25.336	hectares.
Prés......................	1.513	id.
Bois, forêts..................	5.399	id.
Vignes....................	9	id.
Etangs....................	893	id.
Divers....................	1.246	id.
Total............	34.396	hectares.

RIVIÈRES

Il est arrosé :

De l'est au nord-est, par la rivière d'Aisne ;

Au nord-est, par le Hardillon (affluent de l'Aisne) ;

Du sud-est au nord-est, par l'Ante,   id.,

A l'extrémité sud-est, par la Vière ;

Du sud au nord, par l'Yèvre (affluent de l'Auve) ;

Au nord-ouest, par l'Auve (affluent de l'Aisne) ;

A l'ouest, par la Noblette.

RUISSEAUX

Outre ces rivières, plusieurs ruisseaux arrosent différents points du canton :

Les ruisseaux de Ribeaux et de la Vallée-d'Orlan, se réunissant tous deux à 200 mètres de l'Aisne où ils affluent.

Les ruisseaux de Tabas et de l'Evre qui réunis forment le cours du Hardillon.

Le ruisseau du Rouillat, affluent de l'Yèvre à Dampierre-le-Château.

Les ruisseaux de Puisieux, de Chérifontaine, d'Epensival et le ruisseau principal de Bord, dans leur réunion donnent naissance au ruisseau de Bord, grossi par ceux d'Epensival et de Vadanrupt, affluant dans l'Ante à la Neuville-au-Bois.

Le ruisseau de Parfondval, qui grossit la Vière à Heiltz-le-Maurupt.

Le ruisseau de l'Etang-de-Noirlieu, qui alimente l'étang de Givry-en-Argonne.

Le ruisseau d'Huges, grossissant l'Yèvre à Varimont.

Le ruisseau de Prest, qui se jette dans l'Auve en aval de St-Mard-sur-Auve.

ÉTANGS

Les étangs répartis sur le canton de Dommartin-sur-Yèvre sont au nombre de 59.

Ils se divisent en deux catégories :

Ceux de forêt.

Ceux de plaine.

Voir la première partie, topographie de l'arrondissement de Ste-Ménehould, étangs, page 10.

Ils ont une superficie de 867 hectares.

ÉTANGS DE FORÊT

1 Les étangs de Requigny.
2 Les trois petits étangs de Sivry.
3 L'étang de Milet.
4   id.   du Petit-Pierre.
5   id.   du Chevreteau.
6   id.   des Verriers.
7   id.   des Franches-Saules.
8   id.   des Petites-Franches-Saules.
9 Trois carpières y attenant.
10 L'étang d'Igny.
11   id.   du Grand-Rû.
12 Une carpière.
13 L'étang la Dame.
14   id.   Neuf.
15   id.   du Grand-Saustaque.
16 Deux étangs y attenant.

17 L'étang de Tinette.
18   id.   du Petit-Fauque.
19   id.   du Grand-Fauque.
20   id.   de Saule.
21   id.   la Croix.
22   id.   de la Grognette.
23   id.   Flamain.
24   id.   de la Grande-Rouillie.
25   id.   Bâtard.
26   id.   Nicole.
27   id.   Neuf.
28   id.   de Braux-Forêt.
29   id.   de la Laie-Renaud.
30 Les deux étangs de Courgain.
31 L'étang de la Tiloire.
32 Les deux étangs de la Petite-Rouillie.
33 L'étang Gérard-Jacquot.
34   id.   de Bras-de-Fer.

ÉTANGS DE PLAINE

35 L'étang de Belval.
36   id.   d'Etoge.
37   id.   de la Patefin.
38   id.   de Perceval.
39 .   id.   des Nonnes.
40   id.   Lami.
41   id.   de Haut.
42   id.   de Champ-Moulin, dont moitié sur le
                 Vieil-Dampierre, l'autre sur la
                 Neuville-au-Bois.
43   id.   de Roussi-Pré.
44   id.   des Fosses.
45   id.   de Saule.

46 L'étang du Pré-au-Vin.
47   id.   de la Chaie-Noire.
48   id.   d'Oie.
49   id.   des Etanchettes.
50   id.   de Givry.
51   id.   de la Lieue.
52   id.   de Noirlieu.
53   id.   de Dampierre.
54   id.   de la Goutte.
55   id.   de la Petite-Goutte.
56   id   de l'Etang.
57   id.   du Mouton.
58   id.   du Grand-Chignon.
59   id.   du Petit-Chignon.

MOULINS

MOULINS A EAU

1 Le moulin de Charmontois, sur l'Aisne.
2   id.   d'Eclaires, sur le Hardillon.
3   id.   de Givry-en-Argonne, à la source de l'Ante.
4   id.   d'Ante, sur l'Ante.
5   id.   de St-Mard-sur-le-Mont, sur la Vière.
6   id.   de Dampierre-le-Château, sur l'Yèvre.
7   id.   de Varimont, sur l'Yèvre.
8   id.   de St-Mard-sur-Auve, sur l'Auve.

MOULINS A VENT

1 Le moulin à vent de St-Mard-sur-le-Mont.
2   id.   de Varimont.

3 Le moulin à vent d'Herpont.
4   id.   de Somme-Yèvre.
5   id.   de St-Remy-sur-Bussy.

PRAIRIES NATURELLES

Les prairies que recèlent les vallées du canton de Dommartin-sur-Yèvre, présentent généralement un sol tourbeux-marécageux.

Elles offrent une superficie d'environ 1.513 hectares.

TERRES LABOURABLES

Le canton de Dommartin-sur-Yèvre, présentant à l'est une contrée dite Vallage, est recouvert par de nombreux et puissants atterrissements argilo-sableux que l'agriculture sait mettre à profit.

La Champagne, beaucoup moins riche en alluvions, ne reste pas en arrière, en raison des soins intelligents dont elle est l'objet.

FORÊTS

La région du sud-est au nord-est est couverte par une forêt d'environ 5,399 hectares qui croît sur la gaize et atterrissements maigres sans consistance, fuyant très facilement ; cette contrée très humide recèle une infinité d'étangs, qui viennent d'être énumérés.

Cette forêt isolée fait partie de l'Argonne, elle forme une lisière qui sépare à l'est, le Chemin, Eclaires, les Charmontois et Belval du canton. Elle a une longueur de 9 kil. et une largeur moyenne de 4 kil.

ROUTES

Le canton de Dommartin-sur-Yèvre est traversé :

1° De l'ouest au nord-ouest, par la grande
route nationale de Paris à Metz ;

2° Du sud au sud-ouest, par la route départementale n° 5, de Reims à Bar-le-Duc ;

3° Du sud au nord, par la route départementale
n° 10, de Vitry-le-François à Vouziers ;

4° Du sud-ouest au centre-est, par le chemin
d'intérêt commun n° 14, de la Neuville-au-Bois
à l'Epine, et un embranchement d'intérêt commun
d'Auve à Herpont ;

5° Au sud-est, par le chemin d'intérêt commun
n° 36, de Givry-en-Argonne à Sommeilles.

6° Au centre sud-est, par le chemin d'intérêt
commun n° 28, de Givry-en-Argonne à Charmontois-Leroy ;

7° Du nord-est au sud-est, par le chemin de
grande communication n° 15, de Ste-Ménehould
à Belval ;

8° Du nord-est à l'est, par le chemin de
Triaucourt, n° 3.

Tableau des Communes qui composent le Canton de Dommartin-sur-Yèvre.

LÉGENDE DES ÉTAGES	NUMÉROS	NOMS DES COMMUNES	ANNEXES ET FERMES	RIVIÈRES	RUISSEAUX	BUREAUX de POSTE TÉLÉGRAPHE T	DISTANCES KILOMÈTR. de l'Arrondis.	du Canton
cb, ct, d, a.	1	Dommar.-s-Yèvre Chef-lieu de Canton		l'Yèvre		bur. de poste	20	
gz, sv, c, d, a, t.	2	Ante	Milet (ferme)	Aisne.. l'Ante		Givry-en-Argonne	13	11
cb, d, a.	3	Auve		Auve..		bur. de poste	17	10
g, gz, a.	4	Belval			de Ribeaux	Givry-en-Argonne	19	20
g, a.	5	Charmontois-l'Abbé		Aisne..	de la vallée d'Orlan	....id.....	17	18
g, gz, a.	6	Charmontois-Leroy		Aisne..		....id.....	17	18
gz, mb, d, a.	7	Châtelier (le)				....id.....	20	12
g, gz, a.	8	Chemin (le)		Aisne.. Hardillon..		Passavant..	13	23
cb, ct, d, a.	9	Contault-le-Maupas			de Parfondval	Givry-en-Argonne	26	10
cb, ct, a, t.	10	Dampierre-le-Château	Sommerecourt (hameau) séparé par l'Yèvre	Yèvre..	Rouillat	Dommar.-s.-Yèvre	16	3½
g, gz, a.	11	Eclaires	Grigny, Gumont (hameaux)	Hardillon.	de Tabas, de l'Evre	Passavant..	15	18
cb, ct, a.	12	Epense	Epensival (ferme)		Puisieux, Chérifontaine, Bord, d'Epensival.	Givry-en-Argonne	16	4
gz, mb, d, a.	13	Givry-en-Argonne T		Ante...		bur. de poste	17	9

ch. d. a. t.	14	Herpont	Herponval (ferme), Moulin à vent, Herpine (hameau)		Rouillat	Auve	18	4
gz, sv, mb, c, d, a.	15	Neuville-aux-Bois (la)	Belvue (ferme), une partie de Bournonville (hameau)	Ante		Givry-en-Argonne	14	8
ch, ct, a.	16	Noirlieu	La Chenoie (ferme), le Paquis (ferme), les fermes d'Outrivière, la Maison-Rouge, la ferme de Bouët		de l'Etang	id.	21	5
ch, ct, a, t.	17	Rapsecourt	Une partie de la ferme de Plagnicourt	Yèvre		Dommar.-s.-Yèvre	$14\frac{1}{2}$	6
mb, c, d, a.	18	Remicourt	La Lieue, Bélaire (fermes)		l'Etang de Noirlieu	Givry-en-Argonne	18	9
ch, d, a, t.	19	Saint-Mard-sur-Auve		Auve	de Preste	Auve	21	12
ct, c, mb, d, a.	20	Saint-Mard-sur-le-Mont	La Charognerie, Moulin à vent, Moulin à eau		de la Vière	Givry-en-Argonne	21	9
ch, d, a.	21	Saint-Remy-sur-Bussy		Noblette		Auve	23	21
sv, c, ct, d, t.	22	Sivry-sur-Ante	La Basse (ferme), les fermes de la Lichère, la Maringoth		plusieurs sources qui forment le ruisseau du Gros-Pré.	Givry-en-Argonne	11	10
ch, ct, d, a, t.	23	Somme-Yèvre	Moulin à vent au sud, id. au nord	Yèvre	de la Presle	Dommar.-s.-Yèvre	24	3
ch.	24	Tilloy-Bellay	Le Neuf-Bellay, la Bernarderie (ferme), le Vieux-Bellay			Auve	25	16
ch, ct, d, a, t.	25	Varimont	Moulin à eau, Moulin à vent	Yèvre	l'Huges	Dommar.-s.-Yèvre	22	1
gz, sv, c, d, a.	26	Vieil-Dampierre (le)	La Chayère (ferme), une partie de Bournonville (hameau)	Ante		Givry-en-Argonne	13	10

LÉGENDE DES ÉTAGES

g.	Gault.	mb.	Marnes bleues.	cb.	Craie blanche.
gz.	Gaize.	c.	Cénomanien supérieur.	d.	Diluvien.
		ct.	Craie tufeau.		
sv.	Sables verts supérieurs.	t.	Tourbeux marécageux.	a.	Atterrissements.

Nota. — A partir du 15 Avril 1881, un Bureau de Poste est créé dans la commune de Dommartin-sur-Yèvre ; il dessert : Dommartin-sur-Yèvre, Somme-Yèvre, Varimont, Dampierre-le-Château et Rapsecourt.

I

Dommartin-sur-Yèvre

CHEF-LIEU DE CANTON.

Au centre du canton qui porte son nom, à 20 kil. de Ste-Menehould ; bâti sur le versant d'une colline de craie tufeau et dans le fond de la vallée de l'Yèvre, qui arrose le territoire du sud au nord.

A l'extrémité nord-est, sont l'étang de la Petite-Goutte et celui de la Goutte, dont moitié est sur le territoire d'Herpont.

Il est traversé par le chemin d'intérêt commun n° 14, de la Neuville-au-Bois à l'Epine.

Altitude : 165, 170, 180, 185.

Population : 202 habitants.

Etendue du territoire : 1,343 hectares.

Il est borné :

Au nord, par le territoire de Dampierre-le-Château ;

A l'est, par le territoire d'Epense ;

Au sud, par le territoire de Varimont ;

A l'ouest, par le territoire d'Herpont.

FORMATION GÉOLOGIQUE

A 1 kil. est, sur le versant de la colline dite la Cère qui borde la vallée de l'Yèvre, la *terebratulina gracilis* y est commune ; j'ai également ment recueilli :

La *terebratulina campaniensis,*

Des articulations d'astéries,
L'*ostrea pectinata*,
Des foraminifères.

A un niveau plus élevé, c'est-à-dire aux 2/3 de la colline, j'ai fait la même remarque qu'à Varimont : la craie tufeau est nettement tranchée de la craie blanche où j'ai rencontré la *terebratula globosa*.

A l'ouest, proche du village, sur le talus de la route de la Neuville-au-Bois à l'Epine, on rencontre la *terebratulina gracilis*. Sur le sommet de cette colline la craie blanche recouvre le turonien.

A l'ouest, les alluvions crayeuses recouvrent la craie blanche.

J'ai, au hasard, brisé plusieurs nodules pyriteux de cette contrée ; dans l'un d'eux était renfermé un *spatangue* à l'état complet de sulfure de fer.

II

Ante.

Au nord-est, à 11 kil. de Dommartin-sur-Yèvre, 13 kil. de Ste-Ménehould ; bâti sur le versant d'une colline de gaize et sables verts, à l'aspect ouest, sur l'Ante qui arrose le territoire aux confins du sud au nord.

Il possède plusieurs étangs :

L'étang de Requigny au sud-est ;

Les trois petits étangs de Sivry, à l'est ;

L'étang de Milet,   id ;

    id.   du Petit-Pierre, au nord-est ;

    id.   de Chevreteau,   id.

Ecart : la ferme de Milet.

Altitude : 165, 170, 180.

Population : 180 habitants.

Etendue du territoire : 965 hectares.

Il est borné :

Au nord, par le territoire de Villers-en-Argonne (canton de Ste-Ménehould) ;

Au nord-est, à l'est et sud-est, par le territoire du Chemin ;

Au sud et sud-ouest, par le territoire du Vieil-Dampierre ;

A l'ouest et nord-ouest, par le territoire de Sivry-sur-Ante.

FORMATION GÉOLOGIQUE

Ante doit sa formation à la gaize, où elle apparait au nord, à l'est et au sud ; le flanc des collines du nord à l'est et au sud est recouvert de puissants dépôts de sables verts et de diluviens ; dans ces derniers, on y découvre communément des débris de mammouth. En 1874, j'ai recueilli un fragment de défense de ces grands animaux.

A l'ouest, aux confins de Sivry-sur-Ante, les sables verts sont recouverts par les marnes crayeuses.

(Voir Sivry-sur-Ante, page 320).

III

Auve.

A l'ouest, nord-ouest, à 10 kil. de Dommartin-sur-Yèvre, 17 kil. de Ste-Ménehould ; bâti à la naissance d'une vallée sur l'Auve, qui prend sa source à 1 kil. ouest du village ; est traversé par la grande route nationale n° 3, de Paris à Metz.

Altitude : 165, 170.

Population : 408 habitants.

Étendue du territoire : 2,329 hectares.

Il est borné :

Au nord, par le canton de Ste-Ménehould ;

Au nord-est et à l'est, par les territoires de St-Mard-sur-Auve et Herpont ;

Au sud-est, par le territoire d'Herpont ;

Au sud, par le canton de Marson ;

Au sud-ouest, à l'ouest et nord-ouest, par le territoire de Tilloy-Bellay.

FORMATION GÉOLOGIQUE

La craie blanche occupe toute l'étendue de ce spacieux territoire.

Au nord, des dépôts diluviens, composés d'alluvions de limons rouges et graviers crayeux, recouvrent la craie.

Aux extrémités nord et sud-ouest, le sol est d'une aridité telle, qu'il n'offre d'autres ressources que la plantation du sapin.

Il m'a été impossible de me procurer le moindre fossile dans cette contrée.

A 1 kil. sud, sur les talus de la route en côte d'Auve à Herpont, on rencontre de puissants dépôts diluviens, composés d'alluvions rouges et graviers crayeux. A ces alluvions sont additionnés çà et là des calcaires très durs, qui ont une analogie au portlandien.

A un niveau plus élevé, c'est-à-dire au sommet de la colline, on remarque qu'à ces alluvions sont joints des fragments de poudingue d'une grande ténacité, un entre autre présente un volume colossal.

IV

Belval.

A l'extrémité sud-est, à 20 kil. de Dommartin-sur-Yèvre, 19 kil. de Ste-Ménehould; situé aux confins de l'arrondissement avec le département de la Meuse; bâti sur les argiles du gault; est arrosé du sud-ouest au nord-est par le ruisseau de Ribeaux, affluent de l'Aisne.

On remarque sur ce territoire plusieurs étangs :
L'étang de Belval.
    id.   de la Patefin.
    id.   d'Etoge.
    id.   l'Apôtre.
Il est traversé par le chemin de grande communication n° 15, de Ste-Ménehould à Belval.
Altitude : 165.
Population : 248 habitants.
Etendue du territoire : 1,217 hectares.

Il est borné :

Au nord et nord-ouest, par le territoire de Charmontois-Leroy ;

Au nord-est et à l'est, par le territoire de Charmontois-l'Abbé ;

Au sud, par le département de la Meuse ;

Au sud-ouest et à l'ouest, par le territoire du Châtelier.

FORMATION GÉOLOGIQUE

Le territoire de Belval est en majeure partie occupé par le gault.

Les habitants, souvent privés d'eau en été, il fut décidé à la création d'un puits communal ; c'est de ce forage que j'énumère la formation suivante :

Terre végétale.............. 0^m50
Couche de gravier roulé de gaize. $0\ 50 - 0^m60$
Gault. { Argile rougeâtre..... 2 »
{ Argile noire........ 28 »(Epaisseur du gault : 30^m)
Lit de grès vert très-dur.... $0\ 15$
Sables verts compacts........ $1\ 50$

32^m65

Cette couche de sables verts compacts étant traversée, les sables deviennent plus tendres.

Il y a quelques années, des travaux ont été commencés dans le but de créer un puits artésien. Cette tentative a dû être abandonnée en raison des obstacles qui se sont présentés ; de ce forage on a constaté que les sables verts inférieurs ont une puissance de 58 mètres environ.

Au sud, sud-ouest et à l'ouest, la gaize occupe le surplus du territoire où elle est recouverte d'atterrissements maigres fuyant très facilement, n'offrant d'autres ressources que la plantation.

V

Charmontois-l'Abbé.

A l'extrémité sud-est, à 18 kil. 500 mètres de Dommartin-sur-Yèvre, 17 kil. de Ste-Ménehould; bâti sur le versant d'une petite colline appartenant à l'étage du gault, est arrosé par l'Aisne, qui contourne le territoire de l'est à l'ouest.

Il confine à l'est au département de la Meuse.

Il est traversé par le chemin de grande communication n° 15, de Ste-Ménehould à Belval.

Altitude : 165, 168.

Population : 240 habitants.

Etendue du territoire : 743 hectares.

Il est borné :

Au nord-est, par le département de la Meuse;
A l'est et sud-est,   id.
Du sud à l'ouest, par le territoire de Belval.
De l'ouest au nord, par le territoire de Charmontois-Leroy.

FORMATION GÉOLOGIQUE

Ce territoire est totalement occupé par les argiles du gault.

VI

Charmontois-le-Roy.

A l'extrémité sud-est, à 18 kil. de Dommartin-sur-Yèvre, 17 kil. de Ste-Ménehould; bâti sur le versant et dans le fond d'une vallée de l'étage du gault, est arrosé par l'Aisne qui sépare les deux Charmontois.

Ce territoire, qui a une forme très allongée, aboutit au nord-est, au département de la Meuse; il est traversé par le chemin d'intérêt commun de Givry à Charmontois-Leroy, se bifurquant sur le chemin de grande communication de Ste-Ménehould à Belval.

Il possède plusieurs étangs :

L'étang des Epinettes.

id   la Dame, situé dans la forêt de Charmontois.

id.   Marcel,   id.

id.   Fourchu.

Altitude : 165, 168.

Population : 253 habitants.

Etendue du territoire : 721 hectares.

Il est borné :

Au nord, par le territoire d'Eclaires ;

Au nord-est, par le territoire de Senart, département de la Meuse ;

A l'est et sud-est, par le territoire de Charmontois-l'Abbé ;

19

Au sud et sud-ouest, par le territoire de Belval et du Châtelier ;

A l'ouest, par le territoire du Châtelier et la Neuville-aux-Bois ;

Au nord-ouest, par le territoire du Vieil-Dampierre.

FORMATION GÉOLOGIQUE

Cette contrée est totalement occupée par les argiles du gault. Sur plusieurs points, notamment le sommet des collines au nord, on remarque de puissants atterrissements rouges très plastiques, recouvrant des lambeaux de gaize tout à fait isolés.

VII

Châtelier (Le).

Au sud-est, à 12 kil. 500 m. de Dommartin-sur-Yèvre, 20 kil. de Ste-Ménehould ; bâti sur un plateau de gaize ; est situé à l'extrémité ouest de son territoire. Au sud, à 500 mètres, passe le chemin d'intérêt commun n° 36, de Givry à Sommeilles.

On remarque plusieurs étangs :
L'étang Nicole,
   id.   Neuf,
   id.   de Braux-Forêt,
   id.   de la Laie-Renaud,
Les deux étangs de Courgain,
L'étang de la Tiloire,
Les deux étangs de la Petite-Rouillie,
L'étang Gérard-Jacquot,
   id.   de Bras-de-Fer,
   id.   Bâtard (en plaine).
Altitude : 186.
Population : 282 habitants.
Etendue du territoire : 1,070 hectares.

Il est borné :

Au nord, par les territoires de Givry-en-Argonne, la Neuville-au-Bois et Charmontois-le-Roy ;

Au nord-est, par le territoire de Charmontois-le-Roy ;

A l'est, par le territoire de Belval ;

Au sud-est, par le département de la Meuse ;

Au sud, par le canton d'Heiltz-le-Maurupt ;

A l'ouest, par le territoire de St-Mard-sur-le-Mont ;

Au nord-ouest, par le territoire de Givry-en-Argonne.

FORMATION GÉOLOGIQUE

La gaize est la formation principale de cette contrée, sur cet étage on rencontre plusieurs dépôts.

A l'extrémité sud-ouest, aux confins du territoire avec celui de St-Mard-sur-le-Mont, on remarque des marnes bleues qui occupent le sommet et le versant sud d'une colline, où elles reposent sur les sables verts ; la partie supérieure est recouverte par le diluvien et atterrissements argilo-sableux.

Ces argiles semi-plastiques sont exploitées pour la fabrication de la brique et tuiles. (Les produits sont d'environ 300.000.)

Voir marnes bleues (page 63).

On y rencontre quelques fossiles, mais en très petite quantité.

Du nord au nord-est, les plateaux sont recouverts de puissants dépôts diluviens et atterrissements argilo-sableux qui servent aussi à la confection de la brique.

VIII

Chemin (Le).

Au nord-est, à 23 kil. 500 m. de Dommartin-sur-Yèvre, 13 kil. de Ste-Ménehould; bâti sur le versant d'une colline de gaize et sur les argiles du gault; est arrosé du sud au nord par l'Aisne, de l'est au nord-ouest par le Hardillon, affluent de l'Aisne. Il est traversé par le chemin de grande communication n° 15, de Ste-Ménehould à Belval.

Altitude : 165, 170.

Population : 225 habitants.

Etendue du territoire : 623 hectares.

Il est borné :

Au nord, par les territoires de Villers-en-Argonne et Passavant (canton de Ste-Ménehould);

A l'est, par le territoire d'Eclaires;

Au sud-est, par le territoire de Charmontois-Leroy et le département de la Meuse;

Au sud et sud-ouest, par le territoire de Charmontois-le-Roy;

A l'ouest, par le territoire du Vieil-Dampierre;

Au nord-ouest, par le territoire d'Ante.

FORMATION GÉOLOGIQUE

Le territoire du Chemin est, je puis le dire, totalement occupé par le gault; cependant, au nord-ouest, aux confins du territoire de Villers-en-Argonne, on remarque des débris de gaize qui modifient le gault dans cette contrée.

IX

Contault-le-Maupas.

A l'extrémité sud, à 10 kil. de Dommartin-sur-Yèvre, 26 kil. de Ste-Ménehould ; bâti dans le fond d'une vallée encadrée de montagnes de craie tufeau et de craie blanche.

Il est arrosé de l'ouest au sud par le ruisseau de Parfondval, grossi par une fontaine qui traverse le village, vient se jeter dans la Vière à Possesse.

Altitude : 160, 170, 180.

Population : 176 habitants.

Etendue du territoire : 962 hectares.

Il est borné :

Au nord, par le territoire de Noirlieu, separé par la route départementale n° 5, de Reims à Bar-le-Duc ;

A l'est, par le territoire de St-Mard-sur-le-Mont ;

Au sud, sud-est et sud-ouest, par le canton d'Heiltz-le-Maurupt ;

A l'ouest, par le territoire de Somme-Yèvre.

FORMATION GÉOLOGIQUE

Dans les talus est, j'ai recueilli :
La *terebratulina gracilis* ;
La *terebratulina campaniensis* ;
La *terebratula semi-globosa* ;
Radioles d'échinides ;
Des discoïdea ;

L'*inoceramus labiatus ;*
Diverses *ostrea ;*
Articulations d'astéries ;
Une pentacrine.

Le surplus du territoire à l'ouest doit sa formation à la craie blanche.

A 200 mètres environ de la route départementale, sur le talus d'un chemin qui conduit à St-Mard-sur-le-Mont, on rencontre : la *rhynchonella cuvieri,* où elle est assez commune.

X

Dampierre-le-Château.

Au nord, à 3 kil. 500 m. de Dommartin-sur-Yèvre, 16 kil. de Ste-Ménehould; bâti au revers d'une petite colline de craie tufeau ; est arrosé par l'Yèvre, qui traverse le territoire du sud au nord ; au sud-ouest, par le ruisseau du Rouillat, qui se jette dans l'Yèvre à 200 mètres en amont de Sommerecourt.

Au sud, à 500 mètres, est un étang.

Ecart : Sommerecourt (hameau), séparé de Dampierre par l'Yèvre.

Altitude : 155, 160.

On remarque une butte élevée attenant au village.

Population : 267 habitants.

Etendue du territoire : 1.113 hectares.

Il est borné :

Au nord, par le territoire de Rapsecourt ;

A l'est, par le territoire de Sivry-sur-Ante ;

Au sud, par le territoire de Dommartin-sur-Yèvre ;

A l'ouest, par le territoire d'Herpont ;

Au nord-ouest, par le territoire de Rapsecourt.

FORMATION GÉOLOGIQUE

A 1.200 mètres nord-est, sur le versant d'une colline en regard de Dampierre-le-Château, on rencontre quelques *rhynchonella cuvieri*.

A un niveau plus élevé, la *terebratulina gracilis* est abondante.

J'y ai également recueilli :

La *terebratula semi globosa ;*

Des articulations d'astéries ;

Des débris de pecten ;

Des radioles d'échinides ;

A l'est, près du village, sur les talus de la route qui conduit à Dommartin-sur-Yèvre, la *terebratulina gracilis ;* un peu plus loin, au cimetière, l'*inoceramus labiatus*, la *terebratulina campaniensis*, deux fragments de pentacrine et plaques inter ambulacraires d'échinides;

A l'ouest, tout proche le village et l'étang, la *discoïdea minima*.

A l'ouest et nord-ouest, la craie blanche occupe le surplus du territoire.

Dans le village, existe une butte féodale.

Les prairies de cette contrée, arrosées par l'Yèvre et le Rouillat, sont excessivement tourbeuses et marécageuses.

XI

Eclaires.

A l'extrémité nord-est, à 18 kil. de Dommartin-sur-Yèvre, 15 kil. 500 m. de Ste-Ménehould; bâti sur les argiles du gault; est arrosé à l'est par le ruisseau de Tabas, au sud-est, par celui de l'Evre, qui se réunissent au sud d'Eclaires et forment le cours du Hardillon, qui après avoir fait tourner un moulin à 500 mètres du village, prend une direction nord-nord-ouest, pour venir grossir l'Aisne à 1,500 mètres environ en amont du Pont-aux-Vendanges.

Altitude : 158, 160.

Ecarts :

Grigny (hameau), à 500 mètres est ; altitude : 160.

Gumont (hameau), à 500 mètres sud ; altitude : 165, 170.

Vernaux-Failly (ferme), à 5 kil.

Population : 329 habitants.

Etendue du territoire : 1,096 hectares.

Il est borné :

Au nord, par le territoire de Passavant,

Au nord-est, à l'est, au sud et sud-est, par le département de la Meuse ;

Au sud-ouest, à l'ouest et nord-ouest, par le territoire du Chemin.

FORMATION GÉOLOGIQUE

Le gault occupe la majeure partie de ce territoire au nord, nord-est, sud et sud-est. Le forage d'un puits pratiqué par M. Drouet-Conte, accuse au gault une puissance de 29 mètres.

Sur un chemin de traverse qui conduit d'E-claires à Charmontois-le-Roy, j'ai rencontré sur les talus la couche de graviers roulés de gaize qui m'a été signalée à Belval.

Les sommets sud-ouest et ouest sont occupés par la gaize, recouverte d'atterrissements rouges très platiques.

XII

Epense.

A l'est, à 4 kilomètres de Dommartin-sur-
Yèvre, 16 kilomètres de Sainte-Mènehould ;
bâti dans le fond d'une vallée de craie tufeau ;
arrosé à l'ouest par les ruisseaux de Puisieux
et de Chérifontaine, qui, réunis à 500 mètres en
aval du village, forment le ruisseau de Bord,
arrosant le territoire à l'est.

Au nord-ouest, le fossé d'Epensival, qui se
jette dans celui de Bord à 1 kilomètre en aval
d'Epense, est traversé par le chemin d'intérêt
commun n° 14, de la Neuville-aux-Bois à
l'Epine.

Au sud-est est un étang dit de Roussipré.

Altitude : 175, 180.

Ecart : Epensival (ferme) à 1 kilomètre nord.

Population : 321 habitants.

Etendue du territoire : 1,132 hectares.

Il est borné :

Au nord, par le territoire de Sivry-sur-Ante ;

Au nord-est, par le territoire du Vieil-Dampierre ;

A l'est, par le territoire de la Neuville-aux-
Bois ;

Au sud, par le territoire de Noirlieu et
Remicourt ;

Au sud-ouest, par le territoire de Varimont ;

A l'ouest, par le territoire de Dommartin-sur-
Yèvre.

FORMATION GÉOLOGIQUE

A 1,500 mètres au sud-ouest, sur la route qui conduit à Noirlieu, on rencontre :

La *terebratulina gracilis ;*

Des foraminifères (en petite quantité).

A l'extrémité nord, dans les environs d'une carrière de craie blanche située sur les côtes de la Cerre, j'ai recueilli : la *terebratulina gracilis,* où elle est abondante. Au nord et au sud existent des alluvions de limon rouge, de graviers crayeux.

Au sud-ouest proche le village, sur les talus de la route d'Epense à Dommartin-sur-Yèvre : la *rynchonella cuvieri.*

A un niveau plus élevé : la *terebratulina gracilis.* (Ces fossiles sont peu nombreux).

A l'ouest, la craie blanche occupe le sommet des collines dites de la Cerre.

XIII

Givry-en-Argonne.

Au sud-est, à 9 kilomètres de Dommartin-sur-Yèvre, 17 kilomètres de Sainte-Ménehould ; bâti sur un plateau et sur le versant d'une colline de gaize ; est traversé par la route départementale n° 10 de Vitry-le-François à Vouziers, sur laquelle s'embranchent :

1° Le chemin d'intérêt commun n° 28, de Givry à Charmontois-le-Roy ;

2° Le chemin d'intérêt commun n° 36, de Givry à Sommeilles.

Il est arrosé par l'Ante, qui prend sa source dans les étangs près du village, où elle fait tourner un moulin.

On remarque sur ce territoire plusieurs étangs :

1° L'étang de Givry ;
2°   id.   des Etanchettes ;
3°   id.   Flamain ;
4°   id.   de la Grande-Rouillie ;
5°   id.   Bâtard ;
6°   id.

Altitude : 165, 170.

Ecart : Château-Renaud.

Population : 598 habitants.

Etendue du territoire : 772 hectares.

Il est borné :

Au nord, par le territoire de la Neuville-aux-Bois ;

A l'est, par le territoire du Châtelier ;

Au sud, par les territoires du Châtelier et Saint-Mard-sur-le-Mont ;

A l'ouest, par le territoire de Remicourt.

FORMATION GÉOLOGIQUE

La gaize est la formation principale de cette contrée. A l'extrémité sud, aux confins avec Saint-Mard-sur-le-Mont et le Châtelier, on rencontre de puissants dépôts de marnes bleues, recouvertes par le diluvien.

J'ai constaté que ces marnes reposent sur les sables verts.

A l'ouest, entre Givry et Remicourt, ces mêmes marnes apparaissent recouvertes par le diluvien et les marnes crayeuses du cénomanien supérieur.

(Nota). — Dans un talus près du moulin de Givry, j'ai rencontré une *rhynchonella cuvieri*.

XIV

Herpont.

A l'ouest, à 4 kilomètres de Dommartin-sur-Yèvre, 18 kilomètres de Sainte-Ménehould, sur le ruisseau du Rouillat qui prend sa source à l'ouest près du village ; bâti sur la craie blanche ; est traversé par le chemin d'intérêt commun n° 14, de la Neuville-aux-Bois à l'Epine.

A l'extrémité est, est un étang dit la Goutte, dont moitié est sur Herpont, l'autre sur Dommartin-sur-Yèvre.

Ecarts :

La ferme d'Herponval à 3 kilomètres 500 mètres au sud-ouest ;

Un moulin à vent à 400 mètres du village ;

Herpine, hameau à 2 kilomètres à l'extrémité est.

Altitude : 165, 170.

Population : 367 habitants.

Etendue du territoire : 2,309 hectares.

Il est borné :

Au nord, par les territoires de Saint-Mard-sur-Auve et Rapsecourt ;

Au nord-est, par le territoire de Dampierre-le-Château ;

A l'est, par les territoires de Dommartin-sur-Yèvre et Varimont ;

Au sud-est, par le territoire de Somme-Yèvre ;

Au sud, par le canton de Marson ;

A l'ouest, par le territoire d'Auve ;

Au nord-ouest, par le territoire de Saint-Mard-sur-Auve.

FORMATION GÉOLOGIQUE

La craie blanche est le seul étage, je crois, qui occupe ce territoire.

En 1874, je dus faire exécuter des travaux de terrassements dans une contrée dite Courgain, et ai découvert plusieurs *micraster cor anguinum* et *terebratula globosa*. (Ces fossiles caractérisent généralement la craie blanche).

En janvier 1881, des fouilles ou déblais pratiqués au centre du village, sur une profondeur d'environ 2 mètres 50, ont mis à jour plusieurs fossiles incomplets, mais entre autres un *inocerame*.

D'après plusieurs renseignements qui m'ont été fournis ; on rencontre par filon, à une profondeur de 0^m40 à 0^m50, une cristallisation de carbonate de chaux d'une régularité parfaite ; il commence à l'extrémité ouest du territoire et prend une direction ouest-nord, sur une largeur d'environ quatre mètres et trois kilomètres de long.

Au nord-ouest, à 1 kilomètre du village, sur le plateau rive droite de la route de l'Epine, existe un lit de poudingue offrant des difficultés à l'agriculture ; le socle de la charrue ramène de temps à autres des débris à la surface. Il est identique à celui que j'ai signalé sur Gizaucourt.

(Voir Gizaucourt, page 182).

La vallée arrosée par le Rouillat présente un sol tourbeux-marécageux ; cette défectuosité n'est apparente qu'à 1 kilomètre en aval de la contrée dite Etang de Courgain.

Au nord et nord-ouest, les alluvions de limons rouges, graviers crayeux, recouvrent la craie blanche.

————

XV

Neuville-aux-Bois (La).

A l'est, à 8 kilomètres de Dommartin-sur-Yèvre, 14 kilomètres de Sainte-Ménehould ; bâti sur le versant d'une colline et dans le fond d'une vallée de gaize et sables verts, à proximité de l'Ante qui arrose le territoire du sud au nord ; est traversé par la route départementale n° 10, de Vitry-le-François à Vouziers, sur laquelle s'embranche le chemin d'intérêt commun n° 14, de la Neuville-aux-Bois à l'Epine.

Altitude : 160, 170, 179.

Ecarts : Bellevue (ferme) ; une partie du hameau de Bournonville au nord-est, à 2 kilomètres 500 mètres.

Population : 433 habitants.

Etendue du territoire : 1,448 hectares.

Ce territoire est parsemé d'étangs :

L'étang Tinette ;
   id.   du Petit-Fauque ;
   id.   de Saule ;
   id.   du Grand-Fauque ;
   id.   la Croix ;
   id.   la Grognette ;
   id.   de Perceval, à l'est, proche du village ;
   id.   des Nonnes,   id.
   id.   l'Ami,   id.
   id.   de Haut,   id.
   id.   de la Chaire-Noire, au sud, id.
   id.   du Pré-au-Vin ;

L'étang de Saule ;
    id.   d'Oie ;
    id.   des Fosses ;
    id.   de Champmoulin, dont moitié est sur le Vieil Dampierre.

Il est borné :

Au nord, par le territoire du Vieil-Dampierre ;

A l'est, par les territoires du Vieil-Dampierre, Charmontois-le-Roy et le Châtelier ;

Au sud-est, par le territoire de Givry-en-Argonne ;

Au sud et sud-ouest, par le territoire de Remicourt ;

A l'ouest et nord-ouest, par le territoire d'Epense.

FORMATION GÉOLOGIQUE

Au nord, au nord-ouest, à l'est et au sud, le versant des collines de la gaize est recouvert par les sables verts qui apparaissent le plus souvent à nu ; à la partie supérieure des plateaux, on rencontre de nombreux dépôts diluviens et atterrissements argilo-sableux.

Les marnes crayeuses qui commencent à apparaître à l'extrémité ouest, sont dans quelques contrées recouvertes par le diluvien.

Au sud, dans une tranchée pratiquée par la Compagnie de l'Est, on remarque des marnes bleues que j'ai déjà signalées sur Givry-en-Argonne.

Renseignements recueillis sur une tranchée pratiquée par la Compagnie de l'Est sur la route départementale, entre la Neuville et Givry :

Terre végétale argileuse	0ᵐ	25
Terrain argilo-sableux, gris verdâtre .	1	40
Même terrain avec rognons de gaize .	0	80
Gaize tendre, grise, sur	1	02
	3ᵐ	47

XVI

Noirlieu.

Au sud-est, à 5 kilomètres de Dommartin-sur-Yèvre, 21 kilomètres de Sainte-Ménehould; bâti dans le fond d'une vallée de craie tufeau, à proximité d'un étang de 48 hectares; est arrosé par le ruisseau dit de l'Etang.

Au nord, on remarque une montagne de craie tufeau et de craie blanche, dite la côte de Fraimont, qui domine le village; altitude : 227 mètres.

Altitude : 185.

Ecarts :

La ferme de la Chenaie, à 1,400 mètres au nord-ouest;

La ferme de Pâquis, à proximité du village;

Les fermes d'Outrivière, à 1,500 mètres au sud;

(C'est dans cette contrée à l'ouest que la Vière prend sa source.)

La Maison-Rouge, à 2 kilomètres 600 mètres sud;

La ferme de Bouët, à 2 kilomètres sud-ouest.

Population : 199 habitants.

Etendue du territoire : 1,373 hectares.

Il est borné :

Au nord, par les territoires d'Epense et de Varimont;

A l'est, par les territoires de Remicourt et de Saint-Mard-sur-le-Mont;

Au sud, par le territoire de Contault-le-Maupas ;

Au sud-ouest et à l'ouest, par le territoire de Somme-Yèvre.

FORMATION GÉOLOGIQUE

A l'extrémité sud-ouest, à la bifurcation de la route de Contault, sur la route départementale de Reims, j'ai recueilli :

La *terebratulina gracilis* ;

      id.   *campaniensis* ;

Une section de pentacrine.

Au nord et à l'ouest, le sommet des montagnes présente une formation de craie blanche.

XVII

Rapsecourt

Au nord, à 6 kilomètres de Dommartin-sur-Yèvre, 14 kilomètres 500 mètres de Sainte-Ménehould, sur l'Yèvre, qui arrose le territoire du sud au nord; est bâti sur le versant d'une petite colline de craie tufeau.

Ecart : une partie de la ferme de Plagnicourt à l'extrémité nord.

Altitude : 160, 170.

Population : 131 habitants.

Etendue du territoire : 719 hectares.

Il est borné :

Au nord, par le territoire de Voilemont (canton de Sainte-Ménehould) ;

A l'est, par le territoire de Braux-Saint-Remy (canton de Sainte-Ménehould) ;

Au sud, par le territoire de Dampierre-le-Château ;

Au sud-ouest, par le territoire d'Herpont ;

A l'ouest, par les territoires d'Herpont et Saint-Mard-sur-Auve ;

Au nord-ouest, par le territoire de Saint-Mard-sur-Auve.

FORMATION GÉOLOGIQUE

A 1 kilomètre nord, sur les talus de la route qui conduit à Voilemont, j'ai recueilli : la *terebratulina gracilis*.

A 1 kilomètre nord-est, ce même fossile est rencontré sur le talus d'un chemin de traverse qui conduit aux fermes de Montceltz

Le surplus du territoire à l'ouest est occupé par la craie blanche.

Les prairies de cette contrée sont tourbeuses-marécageuses.

XVIII

Remicourt.

Au sud-est, à 9 kilomètres de Dommartin-sur-Yèvre, 18 kilomètres de Sainte-Ménehould ; situé à l'extrémité est de son territoire ; bâti dans une vallée de craie marneuse ; est arrosé à l'extrémité sud par le ruisseau de l'étang de Noirlieu, qui vient se jeter dans l'étang de Givry.

Ecarts :

Les fermes de la Lieue, à 2 kilomètres 700 mètres au sud-ouest ;

Belaire (ferme), à 2 kilomètres 600 mètres à l'ouest ;

Au sud est un étang dit de la Lieue ;

Au centre on remarque plusieurs mares.

Altitude : 170.

Population : 193 habitants.

Etendue du territoire : 937 hectares.

Il est borné :

Au nord, par le territoire de la Neuville-aux-Bois ;

A l'est, par le territoire de Givry-en-Argonne,

Au sud, par le territoire de Saint-Mard-sur-le-Mont ;

A l'ouest, par le territoire de Noirlieu ;

Au sud-ouest, par le territoire d'Epense.

FORMATION GÉOLOGIQUE

Au nord-ouest, aux confins de Remicourt avec la Neuville-aux-Bois, sur le talus de l'étang d'Oie, j'ai recueilli :

La *serpulea imbonata* ;
La *terebratula semi-globosa*.

Le cénomanien supérieur de cette contrée est recouvert par de puissants dépôts diluviens et atterrissements argilo-sableux.

A l'est, dans les environs de Givry, les marnes bleues recouvrent les sables verts.

XIX

Saint-Mard-sur-Auve.

Au nord-ouest, à 12 kilomètres de Dommartin-sur-Yèvre, 21 kilomètres de Sainte-Ménehould : bâti dans le fond d'une vallée de craie blanche ; est arrosé par l'Auve qui traverse le village ; au nord par le ruisseau de Preste, qui se jette dans l'Auve près du village.

On remarque plusieurs étangs :

L'étang l'Etang, à l'extrémité ouest ;
    id.   Mouton, à l'ouest près du village ;
    id.   du Petit-Chignon, au sud ;
    id.   du Grand-Chignon, id.

Altitude : 150, 160.
Population : 152 habitants.
Etendue du territoire : 1,010 hectares.

Il est borné :

Au nord et nord-est, par le territoire de la Chapelle (canton de Sainte-Ménehould) ;

A l'est, par le territoire de Rapsecourt ;

Au sud, par le territoire d'Herpont ;

Au sud-ouest, à l'ouest et nord-ouest, par le territoire d'Auve.

FORMATION GÉOLOGIQUE

La craie blanche est le seul étage que l'on rencontre sur ce territoire ; il m'a été impossible de me procurer des fossiles dans cette contrée, mais les formations que présentent Auve et Herpont, ainsi qu'une partie de la Chapelle, confirment l'étage de la craie blanche dans cette localité.

La vallée arrosée par l'Auve est tourbeuse-marécageuse.

XX

Saint-Mard-sur-le-Mont.

Au sud-est, à 9 kilomètres de Dommartin-sur-Yèvre, 21 kilomètres de Sainte-Ménehould ; bâti sur le versant d'une colline de craie tufeau et craie marneuse, à proximité de la Vière qui arrose le territoire du nord-ouest au sud-est.

Il est traversé par la route départementale n° 10, de Vitry-le-François à Vouziers.

Aaltitude : 150, 160, 170, 180 mètres.

Ecarts :

La Charognerie à l'est, près du village ;
Un moulin à vent à l'est, à 400 mètres ;
Un moulin à eau au sud-est, à 300 mètres.
Population : 520 habitants.
Etendue du territoire : 1,363 hectares.

Il est borné :

Au nord, par le territoire de Remicourt ;
Au nord-est, par le territoire de Givry-en-Argonne ;
A l'est, par le territoire du Châtelier ;
Au sud, par le canton d'Heiltz-le-Maurupt ;
Au sud-ouest, par le territoire de Contault ;
A l'ouest et nord-ouest, par le territoire de Noirlieu.

FORMATION GÉOLOGIQUE

Au sud-ouest, près du village, les marnes crayeuses sont caractérisées par la *serpulea imbonata*.

J'y ai également recueilli une dent de poisson, qui je crois appartient à la famille des *pycnodus*.

A l'extrémité ouest, sur la route départementale de Reims à Bar-le-Duc, au kilomètre 49, on rencontre la *rhynchonella cuvieri* où elle est abondante.

Au nord-est, aux confins des territoires de Givry-en-Argonne et le Châtelier, on remarque des marnes bleues, reposant sur les sables verts supérieurs, recouvertes par de puissants dépôts diluviens.

XXI

Saint-Remy-sur-Bussy.

A l'extrémité nord-ouest, à 21 kilomètres de Dommartin-sur-Yèvre, 23 kilomètres 800 mètres de Sainte-Ménehould ; bâti dans le fond d'une vallée de craie blanche, sur la Noblette, qui prend sa source à 1 kilomètre est du village, se dirige dans le canton de Suippes et va se jeter dans la Vesle.

Altitude : 150, 160.

Population : 432 habitants.

Etendue du territoire : 3,465 hectares.

Il est borné :

Au nord et nord-est, par le canton de Sainte-Ménehould ;

A l'est et sud-est, par le territoire de Tilloy-Bellay ;

Au sud, par le canton de Marson ;

Au sud-ouest, à l'ouest et nord-ouest, par le canton de Suippes.

FORMATION GÉOLOGIQUE

Ce vaste territoire est totalement occupé par la craie blanche.

Au sud-sud-est et sud-ouest, proche le village, on rencontre des dépôts diluviens de graviers crayeux qui recouvrent la craie.

Au nord-nord-est et nord-ouest, ainsi qu'au sud, le sol n'offre d'autres ressources que la plantation du sapin.

XXII

Sivry-sur-Ante.

Au nord-est, à 10 kilomètres de Dommartin-sur-Yèvre, 11 kilomètres de Sainte-Ménehould; bâti dans le fond d'une vallée de craie marneuse, à proximité d'une plaine tourbeuse-marécageuse; arrosée par deux petits ruisseaux qui se réunissent aux confins de Braux-Saint-Remy et forment le ruisseau du Gros-Pré.

Ecarts :

La ferme de la Basse, à 2 kilomètres nord-ouest

La ferme de la Lichère, à 700 mètres à l'ouest ;

La ferme de la Maringoth, à 400 mètres à l'est, sur la route départementale de Vitry-le-François.

Altitude : 165, 170, 175.

Population : 333 habitants.

Etendue du territoire : 1,195 hectares.

Il est borné :

Au nord, par le territoire de Braux-Saint-Remy (canton de Sainte-Ménehould) ;

Au nord-est et à l'est, par le territoire d'Ante;

Au sud, par le territoire du Vieil-Dampierre ;

Au sud-ouest, par le territoire d'Epense ;

A l'ouest, par le territoire de Dampierre-le-Château.

FORMATION GÉOLOGIQUE

A l'est, sur le versant de la côte, à 300 mètres d'Ante, les sables verts apparaissent à nu, recouverts par le cénomanien supérieur. J'ai recueilli dans ces marnes : la *vermicularia imbonata;*

A l'est, entre le village et la route départementale :

La *terebratula semi-globosa ;*
La *vermicularia imbonata ;*
L'*ostrea lateralis ;*
Un coprolite.

Au nord, sur le versant d'une colline qui encadre la vallée du Gros-Pré, on rencontre des sables verts, qui sont la continuation de ceux d'Ante, Châtrices et Braux-Saint-Remy.

Les plateaux au nord et à l'est sont recouverts par de puissants dépôts diluviens et atterrissements argilo-sableux.

XXIII

Somme-Yèvre.

Au sud, à 3 kilom. de Dommartin-sur-Yèvre, 24 kilom. de Sainte-Ménehould ; sur l'Yèvre, qui prend sa source au nord près du village et le ruisseau de la Presle qui grossit l'Yèvre ; est bâti au revers d'une colline de craie tufeau.

Ecarts :

Un moulin à vent, à 200 mètres sud ;

Un moulin à vent, à 900 mèt. à l'extrémité nord;

Un moulin à eau, à 1 kil. à l'extrémité nord.

Altitude : 160, 170, 180.

Population : 322 habitants.

Etendue du territoire : 2,158 hectares.

Il est borné :

Au nord, par le territoire de Varimont ;

Au nord-est et à l'est, par le territoire de Noirlieu ;

Au sud-est, par le territoire de Contault ;

Au sud, par le canton d'Heiltz-le-Maurupt ;

A l'ouest, par le canton de Marson ;

Au nord-ouest, par le territoire d'Herpont.

FORMATION GÉOLOGIQUE

(Voir Varimont, page 325, en ce qui concerne la formation de la craie tufeau existant aux confins de ces deux localités.)

La craie blanche occupe le surplus du territoire à l'est, au sud et à l'ouest.

Au sud elle est recouverte par des alluvions de limons rouges, de graviers crayeux, puissants dans cette contrée.

XXIV

Tilloy-Bellay.

Au nord-ouest, à 16 kilomètres de Dommartin-sur-Yèvre, 25 kilomètres de Sainte-Ménehould, à l'extrémité sud de son territoire ; bâti sur le versant ouest d'une colline de craie blanche ; est traversé par la route nationale n° 3, de Paris à Metz.

Écarts :

Le Neuf-Bellay, à l'est, sur la route nationale ;

Le Vieux-Bellay, au nord, à 2 kilomètres 700 mètres ;

La Bernarderie (ferme), au nord, à 1 kilomètre 300 mètres.

Altitude : 165, 170.

Population : 228 habitants.

Étendue du territoire : 1,941 hectares.

Il est borné :

Au nord, par le territoire de la Croix-en-Champagne (canton de Sainte-Ménehould) ;

A l'est, par le territoire d'Auve ;

Au sud, par le canton de Marson ;

A l'ouest et nord-ouest, par le territoire de Saint-Remy-sur-Bussy.

FORMATION GÉOLOGIQUE

La craie blanche est le seul étage que l'on rencontre sur ce territoire.

Dans cette contrée, la craie est extraite en puits et en galerie, où elle est employée pour les constructions.

Une grande partie du territoire, au sud-est, au nord et à l'ouest, est occupée par des forêts de sapins.

XXV

Varimont.

Au sud, à 1 kilomètre de Dommartin-sur-Yèvre, 22 kilomètres de Sainte-Ménehould ; est bâti sur le versant est d'une colline de craie tufeau, sur l'Yèvre, qui est grossie au sud par le ruisseau de l'Hayes.

Ecarts :

Un moulin à eau, à 200 mètres sud ;
Un moulin à vent, à 600 mètres est :
Altitude : 165, 170, 180.
Population : 106 habitants.
Etendue du territoire : 1,014 hectares.

Il est borné :

Au nord, par le territoire de Dommartin-sur-Yèvre ;
A l'est, par le territoire d'Epense ;
Au sud-est, par le territoire de Noirlieu :
Au sud, par le territoire de Somme-Yèvre ;
A l'ouest, par le territoire d'Herpont.

FORMATION GÉOLOGIQUE

A l'extrémité sud, aux confins du territoire avec celui de Somme-Yèvre, la *terebratulina gracilis* et l'*ostrea pectinata*, caractérisent la craie tufeau de cette contrée immédiatement recouverte par la craie blanche. Il m'a été très facile, dans une carrière où je me suis livré à des recherches, de constater les rapports de superposition qui existent entre ces deux formations.

Le surplus du territoire à l'ouest est occupé par la craie blanche, recouverte par de vastes dépôts diluviens, composés d'alluvions de limons rouges et graviers crayeux.

XXVI

Vieil-Dampierre (Le).

A l'est, à 10 kilomètres, de Dommartin-sur-Yèvre, 13 kilomètres de Sainte-Ménehould ; bâti sur un plateau et versant est d'une colline de gaize, à proximité de l'Ante, qui arrose le territoire du sud au nord ; est traversé par la route départementale n° 10, de Vitry-le-François à Vouziers.

Au nord, près le village, on remarque deux mottes féodales.

Ecarts :

La Chayère (ferme), à 2 kilomètres est ;

Une partie du hameau de Bournonville, à 2 kilomètres 500 mètres sud-est.

Altitude : 160, 170, 180.

Population : 239 habitants.

Etendue du territoire : 1,378 hectares.

Ce territoire est parsemé d'étangs :

L'étang des Franches-Saules ;

   id.   de la Petite-Franche-Saule.

Trois carpières.

L'étang d'Igny ;

   id.   de Grand-Rû ;

   id.   de la Carpière ;

   id.   la Dame ;

   id.   Neuf ;

L'étang du Grand-saus-Lac ;
id.   du Petit-saus-Lac.

Deux petits étangs y attenant :
L'étang des Verriers ;
id.   de Champmoulin, dont moitié appartient à la Neuville-aux-Bois.

Il est borné :
Au nord, par les territoires d'Ante et Sivry-sur-Ante ;
A l'est, par le territoire du Chemin ;
Au sud-est, par le territoire de Charmontois-le-Roy ;
Au sud, par le territoire de la Neuville-aux-Bois ;
A l'ouest, par le territoire d'Epense ;
Au nord-ouest, par le territoire de Sivry-sur-Ante.

FORMATION GÉOLOGIQUE

Du sud-ouest au nord, la vallée est encadrée par des collines de gaize ; sur chaque versant on remarque de puissants dépôts de sables verts qui se relient à ceux d'Ante ; au sud-est ils sont également apparents sur les plateaux et sur le versant d'une colline dans les environs de Bournonville ; ainsi qu'au sud sur le versant d'une colline en regard de la Neuville-aux-Bois. La gaize et les sables verts de ces contrées sont recouverts par de puissants dépôts diluviens de cailloux roulés, calcaire portlandien, gaize et sables mêlés de carbonate de chaux.

A l'extrémité ouest et sud-ouest, le versant des collines est occupé par le cénomanien supérieur, caractérisé par la *serpulea imbonata*, la *terebratula semi-globosa* et diverses *ostrea* (*lateralis*).

Sur le sommet sud-ouest de la colline qui borde l'étang de Champmoulin, existe un lit de poudingue de 0,20 centimètres d'épaisseur.

FIN

<u>RED. :</u>

19

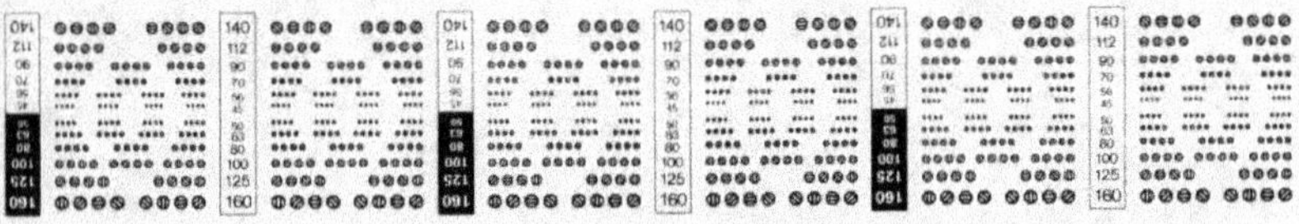

MIRE ISO N° 1

NF Z 43-007

AFNOR

Cedex 7 - 92080 PARIS-LA-DÉFENSE

graphicom

0 1 2 3 4 5 6 7 8 9 10

BIBLIOTHEQUE NATIONALE

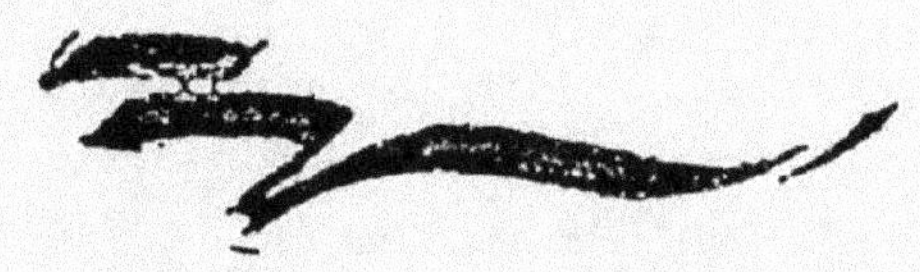

CHATEAU

de

SABLE

1993

9 782329 265292